不做喷火小哪吒

帮孩子从情绪失控到自我调节

Self-Reg
How to Help Your Child (and You)
Break the Stress Cycle and
Successfully Engage with Life

[加] 斯图尔特·尚卡尔 [美] 特雷莎·巴克 著 姜帆 译

机械工业出版社
CHINA MACHINE PRESS

Stuart Shanker and Teresa Barker. Self-Reg: How to Help Your Child (and You) Break the Stress Cycle and Successfully Engage with Life.

Copyright © 2016 by V and S Corporation.

Simplified Chinese Translation Copyright © 2025 by China Machine Press.

Simplified Chinese translation rights arranged with V and S Corporation through the Chinese Connection Agency, a division of Beijing XinGuangCanLan ShuKan Distributon Company Ltd.. This edition is authorized for sale in the Chinese mainland (excluding Hong Kong SAR, Macao SAR and Taiwan).

No part of this book may be reproduced or transmitted in any form or by any means, electronic or mechanical, including photocopying, recording or any information storage and retrieval system, without permission, in writing, from the publisher.

All rights reserved.

本书中文简体字版由 V and S Corporation 通过 the Chinese Connection Agency（a division of Beijing XinGuangCanLan ShuKan Distributon Company Ltd.）授权机械工业出版社在中国大陆地区（不包括香港、澳门特别行政区及台湾地区）独家出版发行。未经出版者书面许可，不得以任何方式抄袭、复制或节录本书中的任何部分。

北京市版权局著作权合同登记　图字：01-2016-7629 号。

图书在版编目（CIP）数据

不做喷火小哪吒：帮孩子从情绪失控到自我调节 / （加）斯图尔特·尚卡尔 (Stuart Shanker)，（美）特雷莎·巴克 (Teresa Barker) 著；姜帆译 . -- 北京：机械工业出版社，2025. 6. -- ISBN 978-7-111-78246-9

Ⅰ . B842.6；G782

中国国家版本馆 CIP 数据核字第 2025RU2218 号

机械工业出版社（北京市百万庄大街 22 号　邮政编码 100037）
策划编辑：王彦君　　　　　　　　　责任编辑：王彦君
责任校对：甘慧彤　王小童　景　飞　责任印制：张　博
北京铭成印刷有限公司印刷
2025 年 6 月第 1 版第 1 次印刷
147mm×210mm · 9.25 印张 · 1 插页 · 189 千字
标准书号：ISBN 978-7-111-78246-9
定价：59.80 元

电话服务　　　　　　　　　网络服务
客服电话：010-88361066　　机 工 官 网：www.cmpbook.com
　　　　　010-88379833　　机 工 官 博：weibo.com/cmp1952
　　　　　010-68326294　　金　书　网：www.golden-book.com
封底无防伪标均为盗版　　　机工教育服务网：www.cmpedu.com

献给我的妻子和孩子们

SELF-REG

目 录

引 言

第一部分
自我调节：
生活和学习的基础

第1章　自我调节的力量　/2
第2章　超越棉花糖实验：自我调节与自我控制　/24
第3章　非同小可：唤醒调节与脑间联结　/45
第4章　猴面包树下：自我调节的五大领域模型　/67

第二部分

五大领域

第 5 章　生理领域：吃、玩、睡　/ 84
第 6 章　情绪领域：阁楼里的怪物　/ 105
第 7 章　认知领域：平静、清醒与学习　/ 128
第 8 章　社会性领域：看待社会性发展的
　　　　新视角　/ 159
第 9 章　共情与亲社会领域：更好的自己　/ 187

第三部分

青少年、诱惑和压力之下的父母

第 10 章　青春期的力量与危险　/ 212
第 11 章　还要更多：欲望、多巴胺和奖赏
　　　　系统　/ 239
第 12 章　压力下的父母：我们该去往何方　/ 256

致谢　/ 273
注释　/ 278
参考文献　/ 279

SELF-REG
引　言

　　我已经数不清自己在加拿大、美国和世界各地工作的时候见过多少孩子了。远不止几千人，而是几万人。在所有这些孩子中，我从未见过一个坏孩子。

　　孩子可能很自私，不体谅他人，甚至心怀恶意；不专心；很容易大喊大叫，或是推推揉揉；不听话，或者充满对抗情绪。孩子的毛病还多着呢。我知道——我自己就是个父亲。但是孩子**坏**吗？绝对不坏。

　　我们都有过草率地说孩子"坏"的时候。我们可能会说他们"难以管理""不可理喻"或"有问题"，或者给他们贴上诸如"注意障碍（ADD）""注意缺陷多动障碍（ADHD）"或"对立违抗性障碍（ODD）"的临床诊断标签，但无论我们用什么语言，我们的结论可能都是过分的评判。

有一天，我在街上碰见一位邻居，他正和四岁的儿子以及宠物狗在一起。我俯下身去拍了拍狗，狗却朝我咬了过来，这位父亲无奈地笑了笑，抱歉地说："阿方斯只是一只小狗。"但小男孩却止住脚步，斥责小狗，在它鼻子上打了一巴掌。父亲气坏了。小狗可以行为不当，但四岁的孩子不可以。我们都曾做过这样的家长，在情急之下对孩子反应激烈，但如果我们能更冷静、更清晰地思考，就不会做出这样的反应了。

这些行为表明，孩子**在当下**无法对自己身上以及身边发生的事情做出妥善的回应——这些事情包括声音、噪声、干扰、不适、情绪。然而，我们的反应好像在说，这些都是孩子的性情问题。更糟的是，孩子也会开始相信这一点。

只要给予理解和耐心，每个孩子都能在引导下走上丰富多彩、充满意义的人生之路。但是，对"难以管教的孩子"的刻板印象，以及我们作为父母的期望、梦想、沮丧和恐惧，都会影响我们的看法。不要误解我的意思：有些孩子可能确实比其他孩子更难教养。但在通常情况下，我们对孩子的消极评判只是一种防御机制，一种转移责任的方式——将我们遇到的麻烦归咎于孩子的"本性"。这样会让孩子更容易做出强烈反应，防御心更强，更叛逆，更焦虑，或者更孤僻。但是事情不必如此。从来都不必如此。

有一次，我在一个研讨会上，把这个想法分享给了2000

名幼儿园教师，有一个声音从后排传来："我倒是遇到过一个坏孩子。他爸爸就是个坏人。他爷爷更是个坏透了的人。"大家都笑了，但我很感兴趣。我想："规律总是有例外的。我真的很想见见这个孩子。"于是这位老师安排我到他们的幼儿园去见见那个小男孩。在他拖拖拉拉地走进房间的那一刻，一切都立刻变得很明显了：老师眼中的**不当行为**，其实是**压力行为**。

他对噪声很敏感。有两次，他都还没坐下，就被外面大厅里的声音吓了一跳。此外，他总是眯着眼睛，这表明他对房间里的荧光灯很敏感，也可能是因为他有视觉加工问题。他在椅子上扭动的样子，让我怀疑他是否很难坐直，或者很难在硬塑料椅子上放松。真正的问题出在生理上。在这种情况下，大人大声呵斥或板着脸只能让他更加痛苦、难以专注。随着时间的推移，这种习惯性互动可能让孩子变得不听话或叛逆。

这个道理尤其适用于家族遗传问题，就像这个孩子的情况一样。他父亲和爷爷是不是也有同样的生理敏感性？在他们的生活中，他们是否也遇到过成年人的那种惩罚性反应？这种反应很容易让孩子走上问题重重的道路，并最终似乎只会证实"你看，我跟你说过他是个坏孩子"这样的想法。

我此刻最关心的是我面前的孩子，我希望帮助这位疲惫的老师看到并理解，这个孩子的行为给出了多么重要的暗示。我轻轻地关上了教室门，关掉了上方的灯（这些灯不仅发出了刺眼的强光，还会不断发出嗡嗡声），放低了说话声音。老师看到这个孩子突然放松下来，她的表情变得柔和，她轻声说："天哪。"

这样的反应，我从每一个发现孩子的问题并非无药可救的成年人那里都看到、听到过。人们很容易就看到这个男孩的性格有着遗传缺陷。当老师看到他对声音和光很敏感的时候，这一切都变了。这不是他的选择。

老师对他的整体态度一下子就改变了。此前，老师是严厉的，现在她的眼角却透露出了笑意。她的语气从生硬变为悦耳，手势从迅速变为缓慢而有节奏。她直视着这个男孩，而不是看着我。他们两人已建立了联结，孩子所有的身体姿势、面部表情和语气，都随着老师的变化而发生了变化。

这种转变并非只是"换个角度看孩子"，或者说"看到孩子的不同之处"，而是完全改变了老师和孩子之间的互动模式。老师放下了她对**顺从**的需要，可以说甚至放下了她的自负，第一次看到了这个孩子——真正地看到了他。她现在可以去教他了。对这个男孩来说，他根本没有意识到自己对噪声和光线那么敏感，更没有意识到这些刺激让他变得难以管教。这就是他的现实情况，他的"常态"。现在老师可以帮助他弄清，他什么时候（以及为什么）会变得激动、不专注，以及他可以做些什么来保持平静、专注、清醒，并且用心学习。

从正确的角度看问题

正在读这本书的父母，也许都曾在育儿的时候遇到过与上面的例子相同的情况。大概还遇到过不止一次！我们竭尽全力地帮助孩子，不仅为他们提供物质享受，还教给他们成功所需的生活技能。然而，我们常常发现自己难以和孩子建立联结。可想而知，我们会感到沮丧或愤怒。我们知道孩子所做的事情对他们没什么好处，但我们不明白，为什么我们无法让他们看到这一点。就像这位老师一样，我们用心良苦，但这还是不够。"自我调节"始于**用另一种方式看待**孩子的行为，以及用另一种方式看待我们自己的行为。这意味着我们要看到孩子行为的**意义**——也许这是我们从未做过的。

我在读研究生的时候，我的导师彼得·哈克（Peter Hacker），一位伦勃朗爱好者，曾带我参观过一场伦勃朗的画展。我早早来到了画廊，花了 20 分钟仔细欣赏一幅自画像，我怎么也看不出这幅画有什么了不起的地方。彼得来了，他问我对这幅画有什么看法，我说我觉得这画看上去有些模糊。彼得笑了笑，离开了这幅画，目不转睛地盯着地板。他指着地板上的一个小点，让我站在那个点上，再看看这幅画。我看到的东西令我惊讶不已。这幅画突然变得清清楚楚了。我立刻感受到了伦勃朗的天才之处。

我此前非常想知道，为什么这幅画被认为是一件令人惊叹的艺术杰作。我读过相关的历史，也知道伦勃朗画这幅画的时间、地点。然而，就算我花多年时间，每天都来博物馆端详这幅画，可能也永远无法发现它的秘密。我会一直站在错误的位置上看。

自我调节会教你站在哪里，教你如何把孩子的行为看得更清楚、如何回应孩子的需求并帮他学会自助。这样能增进你们的关系。这并不是要让孩子"守规矩"——不要再做、再说那些激怒你或他人的事情，或者不要再给自己制造麻烦。自我调节的关键在于在这些方面做出巨大的改变——情绪、注意力、交友能力、共情，还要养成对孩子长期幸福至关重要的高级价值观与道德品质。

我们对**自我调节**的理解发生了一种科学上的变革，而本书中的方法正是这种变革的结晶。"自我调节"这个词有很多不同的用法——事实上，有上百种用法。但是，它最初的心理、生理学意义是指我们如何管理自己承受的压力。就其原始意义而言，"压力"指的是所有那些需要我们消耗能量来维持某种平衡的刺激：不仅包括我们都熟悉的心理社会压力，比如工作上的要求，或别人对我们的看法，也包括环境中的事物，比如听觉和视觉刺激，就像我上面讨论过的那个小男孩的情况一样；此外还包括我们的情绪（积极的和消极的）、我们难以察觉的日常模式、应付他人压力的需求，还有孩子在空闲时间里要做或不做的事情——当今有这种压力的孩子可太多了。如果孩子的压力负荷一直过高，他的恢复能力就可能受到影响，他对压力源（即使是相对较小的压力源）的反应也会增强。

自我调节是一种包含五个步骤的方法。这种方法能①识别孩子什么时候压力过大；②发现孩子的压力源；③减少压力源；④帮助他意识到，自己什么时候需要自我调节；⑤帮助他制定自我调节的策略。

要知道一个孩子什么时候压力过大,或者弄清什么对孩子来说是压力源,这并不容易。这尤其是因为,现在孩子不得不应对的**隐藏压力源**有很多。我们常常认为,只需要**告诉**孩子冷静下来就行了,但这从来不起作用。要帮助孩子自我调节,没有简单的现成办法:孩子都是不同的,他们的需求也在不断变化,上周有用的办法到今天可能就不管用了。但是,只要掌握了前四步,你就能开始尝试并发现哪些方法对你的孩子有用,哪些方法没用。最重要的是,你的孩子也会这样做。

自柏拉图的时代以来,自我控制一直被人奉为品行的标准。这种假设深深地影响了我们对孩子的看法,也影响了他们成长为身心、性格都健全的成年人的过程。对于成年人来说,人们也一直假设意志力是抵制诱惑、战胜挑战、克服逆境的必要条件。古典哲学家和后世的人所不知道的是,还有一些更为基本的因素在起作用。

自我控制的关键在于**抑制冲动**;自我调节则在于**找出冲动的原因**,减轻冲动的强度,并在必要的时候拥有抑制冲动的能量。人们还没有分清这两者之间的区别。事实上,它们常被混为一谈。自我调节与自我控制有着根本上的区别,自我调节是自我控制的前提——或者很多时候,做好了自我调节便没有必要控制自己。除非我们能理解这一区别,否则我们就有可能增加让孩子自我控制能力变差的因素,而不是帮助孩子在学校和生活中打下取得成功所需的自我调节基础。

自我调节将"问题"行为视为极为宝贵的标志:这表明孩

子压力过大了。请想想那些非常冲动或者易怒的孩子，他们就很难调节自己的情绪，经常情绪崩溃，或者情绪非常不稳定、易激惹，不能容忍挫折，稍稍遇到挫折就会放弃，很难集中注意或忽视干扰，难以处理人际关系、体会共情。有些行为常常让我们自动产生孩子很"坏"、很"懒"、很"磨蹭"的想法，而这些行为往往表明了孩子的压力水平太高，或者他的"油箱"里没"油"了——没有能量去管其他事情了。自我调节能教我们如何找出某个孩子的压力源，以及我们可以如何减少压力源。然后，我们就需要帮助孩子学会自行管理这一切。

自我调节首先取决于**我们**如何识别和减少自己的压力源，以及我们在与孩子互动时能在多大程度上保持平静和专注。就像那个在我演讲时提出问题的老师一样，当我们生气、担心，或对孩子束手无策的时候，我们需要说："这到底是怎么回事？我漏掉了什么？"有时我们还需要说："我错了。"这很重要。但没有人喜欢这么说。

我和那位幼儿园老师一直保持着联系。她曾经告诉我，在那天，不仅仅是她与那个小男孩（以及班上其他孩子）的互动模式发生了改变，她的整个生活都改变了。她对待家人、朋友、（尤其是）自己的方式都改变了。她坚持说，这一切都发生在那一刹那间。

为什么？她以前不是很冷漠，对教导那个男孩感到厌烦，已经打算放弃他了吗？事实上，她非常有同情心，是一位尽职尽责的老师。尽管如此，她还是认定那个男孩"有毛病"。这种判断从来都不是对的。当然,的确发生了一些事情,但不是"有毛病",而是**另一回事**。这本书的重点就是弄清孩子身上的这些事情是什么。

有一种方法可以做到这一点,从根源上解决这些问题。这种方法就是自我调节,而本书会告诉你如何使用这种方法,以及如何教会孩子使用这种方法。这种方法不仅能帮助有问题的孩子,还能帮助所有孩子。这是一件我们所有人都需要做的事情。现在比以往任何时候都更有必要这样做。

第一部分

自我调节

生活和学习的基础

第 1 章

自我调节的力量

再努力一些!

你常常听到这句话。你会对自己这样说。意志再坚强一点,自控力再强一些,控制你的饮食,控制你对老板说的话,把私事留到自己的空闲时间去做。你需要锻炼。节省开支。抵制外界无止境的诱惑。如果你失败了(这是迟早的事),那就再努力一些。

这就是我们不断接收到的信息。许多有关帮助孩子成功的谈话也都围绕着这一主题。但是,对于孩子和我们当中的许多人来说,似乎我们越努力,就越难以控制自己,我们的目标也越发遥不可及。我们会斥责自己的软弱无能,孩子也会这样做。但自我责备和羞耻与我们希望他们在学校和生活中拥有的一切美好事物背道而驰。

　　神经科学的新进展揭开了我们为什么会如此行事的秘密，更重要的是，还探明了我们为什么有时难以按照自己想要的方式做事。神经科学的这些进展也告诉了我们应该如何改变自己的行为，而自我控制与这种改变方法几乎毫无关系。事实上，当前的研究表明，我们越是关注自我控制，越是努力地控制自己，自控与积极的行为改变就越难以实现。

　　不要误解我的意思，自我控制确实很重要。我们都知道，有些人在自己的领域出类拔萃，他们正是自我控制的典范。但是，更基本的问题在于我们承受的压力，以及我们能否有效应对压力：我们的**自我调节**能力如何。事实上，你越是仔细观察这些"成功案例"，你越有可能发现，真正让这些人鹤立鸡群的是他们非凡的自我调节能力。

　　我们越是能意识到自己何时压力过大，并知道如何打破这个循环，我们的自我调节能力就越好；换言之，我们就越能管理好生活中的重重压力。自主神经系统会通过消耗能量的代谢过程来应对压力，然后启动补偿过程来促进恢复与成长。我们承受的压力越大，这个恢复过程就越难以维持，用于自我控制的资源就越少，我们的冲动也会变得越强烈。一旦你理解了大脑对压力的自然反应，开始自我调节，自我控制的需要往往就会消失。

神经科学的进步颠覆了关于行为根源的顽固迷思

　　人们有一种历史悠久的观念：自我控制是一种精神力量与

品格的问题。这种观念中有一个最具惩罚意味的方面，即糟糕的自我控制与人的软弱有关。数千年来，这种思想在人们的脑中根深蒂固。关于"自控力差"的批判，一直是人们难以言喻的内疚与相互攻讦的来源。现代科学告诉我们，这种观念不仅不合时宜，而且有着根本性的缺陷。

现代有关自我调节的科学研究取得了许多重大突破，其中之一就是发现边缘系统的运作。约瑟夫·勒杜（Joseph LeDoux）将边缘系统称为"情绪脑"。这个皮质下的复合体位于**前额叶皮质**之下，主要结构是**杏仁核、海马、下丘脑**和**纹状体**。边缘系统（见图1-1），尤其是杏仁核和伏隔核（位于腹侧纹状体），是我们强烈情绪与冲动的来源。边缘系统在记忆形成以及与记忆相关的情绪联想中发挥着关键的作用——既包括积极记忆，也包括消极记忆。在边缘系统之中，爱、欲望、恐惧、羞耻、愤怒和创伤都有着共同的神经基础。

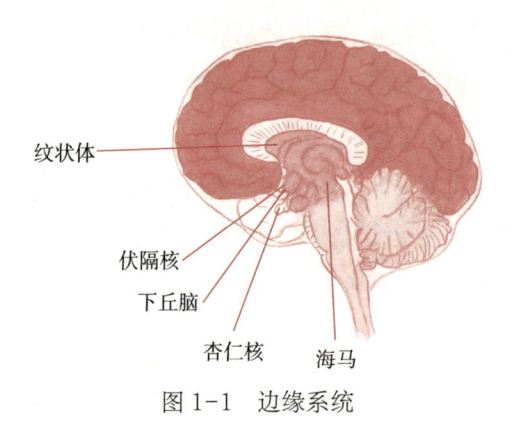

图1-1 边缘系统

在过去，人们倾向于把大脑看作一种按照层级结构运作的组织：前额叶皮质的"高级"执行系统能掌握并控制源自"低级"边缘系统的冲动。这种理念认为，如果我们屈服于欲望，是因为我们的前额叶皮质太弱，无法抑制来自边缘系统的强烈冲动。有一种古老而无人质疑的观点认为，意志力与自我控制是一种精神的肌肉，这种观点正好与上述对大脑的看法不谋而合。在苏格拉底的时代，人们认为，弥补意志力缺陷的办法就是强化自我控制的执行系统，就像通过严格的锻炼与自律来增强肌肉一样。在这样的基本观念里，自我否定（抵制诱惑与"本能"冲动）成了增强自我控制的良方。

然而，过去20年来的脑科学进展揭示了一种截然不同的事实。当人们压力过度的时候，前额叶皮质的理性、抑制能力（比如权衡即时奖赏与长期收益或成本的能力）就被大大削弱了。下丘脑发挥着特别重要的作用。我们现在将下丘脑视为大脑的"主控系统"，因为下丘脑在诸多系统的调节中发挥着关键的作用：免疫系统、体温、饥饿、干渴、疲劳、昼夜节律、心率与呼吸、消化、新陈代谢、细胞修复，甚至包括听、说、"读懂"他人的社会性情绪线索、教养子女、依恋行为等重要方面。所有这些不同的功能都与大脑对各种事物的最原始的反应有关——这些事物包括相对轻微的压力源以及最严峻的威胁（至少是边缘系统"认定为"威胁的事物）。如果我们能让这样的大脑反应恢复平静，我们就能逐渐使所有其他自我调节过程协调同步。

自我控制很重要，但不是强健心灵和成功人生的核心特征——自我调节才是。

和谐的三部分：三重脑

20世纪60年代，耶鲁大学的神经科学家保罗·麦克莱恩（Paul MacLean）提出了一个至今仍有高度指导意义的大脑理论模型。根据他的"三重脑"模型（见图1-2），我们实际上有着三种不同的脑组织，每种脑组织都是在不同的演化时期发展形成的，它们是一层一层地发展起来的。在最上、最前的位置，是"最新"的大脑，如其名称**新皮质**所示。该结构负责语言、思考、理解他人心理和自我控制等高级功能。新皮质下方是古老得多的古哺乳动物脑，其中包括边缘系统，具有强烈的、情绪化的联想与冲动。最底层的是最古老、最原始的大脑，也就是所谓的爬行动物脑，该结构与边缘系统密切合作，调节我们的生理唤醒，让我们保持清醒。

- 新皮质
- 古哺乳动物脑
- 爬行动物脑

图1-2 三重脑

麦克莱恩的模型有些过度简化的嫌疑。然而，该模型有助于我们理解自我控制与自我调节在神经生理学上的差异。自我控制在很大程度上是一种"新皮质"的现象，受前额叶皮质中的少数系统支持,而自我调节受到哺乳动物脑和爬行动物脑深处的各个系统影响:这些系统的激活,不仅独立于甚至先于前额叶功能的激活,而且能够大大限制这些前额叶系统的运作。

警惕的大脑:时刻以护卫为己任

下丘脑监控着我们的"内部环境"。比如说,它负责:确保我们的体温接近98.6华氏度[⊖];维持血液中钠和葡萄糖的正常含量;让一些系统在睡眠中休息、恢复,而让另一些系统修复机体、愈合伤口。如果外界温度骤降,下丘脑就会启动代谢反应,产生体内热量:我们的呼吸和心率加快、全身颤抖、牙齿打颤。所有这些过程都要消耗相当多的能量。

自主神经系统会监控许多环境中的"压力源"并对之做出反应,外界温度骤降正是一个典型的例子。如果这些外部的"消耗"过多,再加上通常的情绪、社会和认知上的压力源,边缘系统就可能对最轻微的危险迹象变得高度敏感。在前额叶皮质能够判断某件事物是否真的构成威胁之前,边缘系统就会将其视为"威胁",触发警报——就像被活动或震动触发的汽车警报一样。这种警报会导致机体释放神经化学物质以应对危险:这就是"战或逃"模式。如果这样还不能改变现状,大脑就会采取"僵住"的措施——就像某些动物受到威胁时产生的"装死"行为。面对危险时,"三重脑"中最古老的部分——"爬行动物脑"会释放**肾上腺素**,启动一种复杂的神经化学链

⊖ 即37摄氏度。——译者注

式反应，最终释放出**皮质醇**。

这些神经化学物质会提高心率、血压和呼吸频率，将葡萄糖和氧气输送到重要的肌肉（肺部、喉咙和鼻子都会扩张）。体内能量激增。来自脂肪细胞的脂肪、来自肝脏的葡萄糖都会被代谢掉。人体的警觉性和反应强度都会提升：瞳孔放大、毛发竖立（这样能让我们的古人类祖先看上去个头更大、更可怕）、汗腺打开（这是人体冷却机制的一部分）、释放内啡肽（以增加对疼痛的耐受性）。你在危急情况下需要这些生理变化，才能迅速做出反应：战斗或逃跑。

这种"报警"系统非常原始，至少从当代生活的角度来看是这样的。在这个系统看来，真正的敌人和假想的敌人（比如，在角色扮演游戏里）没有什么区别：两者都会导致肾上腺素的释放。这些系统适用于在野外生活的爬行动物和哺乳动物，它们不能判断威胁的严重性，也不能判断威胁可能会持续多久。如果警报一直响着，这些系统一直处于"战或逃"的状态，有机体就会大量释放应激激素。这些激素一旦过量，就可能破坏器官和器官系统的正常功能，甚至对某些发育中的大脑部分造成细胞损伤。

为了拥有足够的能量，维持高度的应激反应，我们的下丘脑会关闭一些消耗能量的功能，所有这些功能在这种危险时刻对生存都是不必要的：这是大自然教给我们的方法，将尽可能多的能量输送到应对当前威胁所需的系统里。这些被减缓或关闭的"非必要功能"有着非同一般的作用，这也是我们为什么会在最需要的时候难以自控的关键。

"战或逃"反应转移了能量，耗尽了能量储备

在"战或逃"模式下，能量会从大脑认为在紧急模式下非必要的系统（如消化系统）中转移出来。你在饱餐之后感到的迟钝表明消化食物需要能量——大约占身体总能量的15%～20%，与大脑维持日常运转所需的能量相当。消化需要4个小时到数天不等，"能耗"很高。这是因为，在胃里生成恰当的化学平衡来消化食物，产生分解并向全身输送营养物质的酶，需要消耗大量能量。还有一些其他的代谢功能在压力下会减缓或暂停，包括免疫系统、细胞修复与生长、向毛细血管输送血液（这样你在受伤时就不容易因失血过多而死）、生殖。

你可能会想，这一切与你脾气失控、多吃了一块原本打算留在盘子上的蛋糕有什么关系，与孩子发脾气、情绪崩溃以及对数学的焦虑又有什么关系？答案就在于"战或逃"反应对我们前额叶皮质所支持的"理性功能"的影响。

请回想这样的场景：你八岁的女儿做了一件你无数次叮嘱她不要做的事，你对她大发雷霆。你能不能很好地组织语言，能不能好好思考？当我们动怒时，我们常常口齿不清，因为此时哺乳动物脑和爬行动物脑占据了主导地位，左侧的前额叶皮质已经退居二线了。我们会失去所有前额叶皮质负责的美好的高级功能：语言、反思性思考、"读心"、共情，当然，还有自我控制！

对于在"战或逃"反应中被关闭的功能，分子生物学家做出了一些有趣的发现。例如，突然的高音刺激会促使中耳肌

肉收缩，减弱孩子理解语言的能力，增强我们对低频声音的听觉。这种现象对于哺乳动物脑和爬行动物脑来说意义重大：这些低频声音可能代表了潜伏在灌木丛里的掠食者。但对于我们来说，这就解释了为什么我们情绪低落、心烦意乱的孩子常常会对我们充耳不闻，除非我们就站在他面前，低头对他怒目而视。但是，如果我们站在孩子面前，低头瞪着他，那在孩子看来，我们的语调和肢体语言很可能是一种更大的威胁。

在"战或逃"反应中，我们现代的、以语言为基础的社会性大脑暂时停止了工作，我们会立即倒退回更原始的状态——这种状态在本质上是一种古老的、前语言的状态。在这种状态下，我们就会像走投无路的动物一样，启动原始的求生机制。

自我调节：大脑如何在生理唤醒与唤醒调节之间保持平衡

自主神经系统能够调节不同"唤醒"状态之间的转换：从酣睡状态（最低的唤醒状态），到最高的、强烈的情绪爆发状态（就像你在孩子发脾气时看到的状态一样）。

唤醒调节是交感神经系统的**激活**作用（让我们的唤醒水平上升）和副交感神经系统的**抑制**作用（让所有生理过程减慢）这两种互补力量的功能：相当于大脑在踩油门或刹车。根据情况的不同，我们需要的激活作用或恢复作用的多少是不同的，当然，这也取决于我们的能量储备。在一天中，我们的"唤醒"程度会上下浮动，而且每天都是如此。随着唤醒水平的上升，能量消耗自然也会增加；随着唤醒水平的降低，我们也会恢复自身的能量储备。(如图 1-3。)

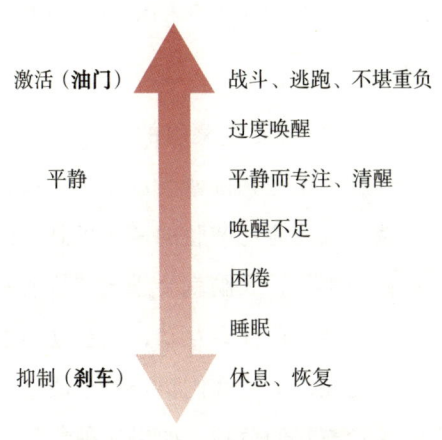

```
激活（油门）      战斗、逃跑、不堪重负
                 过度唤醒
  平静           平静而专注、清醒
                 唤醒不足
                 困倦
                 睡眠
抑制（刹车）      休息、恢复
```

图 1-3 自我调节的唤醒状态

孩子承受的压力越大，他的大脑就越难以应付这样的转变。"恢复"功能会逐渐失去复原的能力，孩子也可能被"困在"低唤醒或高唤醒状态。举个例子，请想想那些难以"行动起来"的孩子，或者那些总是"动个不停"、坐不住的孩子。

也许，最严重的问题是"战或逃"反应被"点燃"了，或者说，被敏化了，从而让孩子变得更容易受到惊吓，并且反复受到惊吓。一旦发生这种情况，孩子就会远离我们。父母往往把这种行为视为一种排斥，但实际上，这是大脑层级结构的另一种功能——一系列针对威胁的自然生物学反应：

1. 社会参与；
2. 战斗或逃跑（交感神经唤醒）；

3. 僵住（副交感神经唤醒）；
4. 解离（即"脱离身体"的状态，在这种情况下，人们会说他们在看看自己身上发生的事情，就好像发生在别人身上一样）。

这种应激反应层级与麦克莱恩的"三重脑"大脑模型是相对应的。这个大脑模型包括前额叶皮质中"最新的"大脑系统、社会参与系统，以及应对威胁的古老机制。如果无法进行社会参与或社会参与不足，大脑就会进入"战或逃"状态。在这种状态下，人不仅会回避社会互动，社会互动本身也会成为一种压力源：也就是说，即使我们正是孩子最需要的资源，孩子也会逃离我们或者与我们争吵。如果这种危险持续存在，大脑就会进入"僵住"状态，调动逐渐减少的能量储备，为生存做最后一次努力。应激的最后一个阶段是解离，与其说这是一种求生机制，不如说是一种减少身心痛苦的机制。

长期处于低唤醒或高唤醒状态，会使大脑发生一个重大的转变，也就是从所谓的"学习型大脑"转变为"求生型大脑"。转变一旦发生，孩子就很难关注和理解身边或内心中发生的事情了，并且非常容易进入"封闭"状态，也很容易冲动或攻击（自己和他人）。长期精神恍惚或过度活跃的孩子并不是因为他们"软弱"或**不够努力**，只是因为他们承受的压力太大了。

我们无法强迫孩子"平静下来"，也不能威胁他们说，如果他们不这样做，我们就惩罚他们。这样做会大大增加他们的压力。他们并没有选择过度唤醒或唤醒不足，正如他们在不知道怎样平静下来的时候，无法选择平静一样。自我调节能为他们提供做到这一点的工具和技能。

与自己的战争：内心之战的高昂代价

长期的高度唤醒，会使边缘系统的警报对压力十分敏感，以至于几乎不需要太大压力就会触发警报。如果系统本身做好了寻找威胁的准备，那么即使威胁并不存在，感知本身也会发生变化。在实验中，我们可以看到一种引人注目的现象：如果孩子长期处于过度唤醒或唤醒不足的状态，他们就更有可能将演员的中性面孔照片视为有敌意的。

在危险的环境中，这非常符合演化的常理。问题是，越是常常报警，警报就越有可能再次响起。不幸的是，如果警报太容易被触发，被触发得太过频繁，我们甚至会完全注意不到警报。

想想一个典型的工作日：你的闹钟响了（这个常见的家庭设备叫"闹"是有原因的），这会让你突然进入高度唤醒的状态，尤其是你前一天晚上没有睡够、睡好的情况下，就更容易如此。你必须催促孩子做完早上的例行事务，开车送他们去学校，然后再去上班，还要应付拥挤的人群、交通、噪声和路上的耽搁。在一天的工作还没开始之前，你的压力就已经很大了。

也许上午的咖啡和甜甜圈能让你平静下来。有一些生理上的原因能够解释为什么这些零食有安慰的作用，还能带来积极情绪联想。但是，也许你对零食的需求已经开始失控了，当你放纵自己时，你会感到内疚，所以你开始抗拒这种诱惑。仅仅是对抗这些冲动，就会让你进入"战或逃"的状态，之后你还会生自己的气（当你的前额叶皮质恢复工作之后），因为你缺乏自控能力。这一切都让你更容易陷入你所熟悉和害怕的"战或逃"循环。

有一个2500年前的观点认为，我们的执行功能和我们的冲动之间在打一场"战争"。这一观点用完美的比喻说明了我们因缺乏自控能力而自责时的状态。自我控制背后的理念是，如果你能锻炼出赢得这场战争的"肌肉"（坚毅、决心、自律），这种自控就能延伸到其他事情上去——比如在和孩子、伴侣相处时，或者在工作的时候，压抑你想要放弃的冲动。从本质上讲，你这是在学着如何处理不舒服的感受而不向这种感受"屈服"。但是，这场战争的代价总是高昂的。在这种情况下，我们的能量储备也会受到严重的影响。

你最终会感受到这种影响，即便不是在当下，也会在之后感受到——你会**感受到一股更加不受控制的消极情绪**，或者自我放纵的冲动，我们的身心、情绪健康也可能产生某些深层的问题。事实上，科学家已经证明，增加研究对象的压力，会增强他们冲动，降低他们的自控力。自我调节不会让我们忽视这些感受，而是会教我们将这些感受视为压力过大的信号——我们的报警系统被卡在了"开启"模式里，我们真正需要学习的是如何关闭报警系统。

压力循环：冲突的压力源让系统超速运转

自我调节的目的，不是把你的反应或行为视为必须抵制或控制的东西。我们始终需要问自己的问题不是"我为什么不能控制这种冲动"，而是"我为什么会有这种冲动——**为什么是现在**"。正是因为如此，自我调节才能成为积极、持久改变的有力工具。

我们在这里谈论的不仅仅是你的渴望，也可以是你持续的担忧，甚至是某种不具体的感受：一种泛化的恐惧感、正在酝酿的愤怒、一种侵入性的想法，或者一种不祥的预感。类似的感受还有很多，比如引发生理唤醒的强烈情绪联想——突然的"战或逃"反应或僵住反应、突然的冲动、强烈的情绪或需求。

但是，唤醒并不是你的敌人。我们需要依靠唤醒，才能从睡眠到清醒，从走神到专注，从玩耍到工作。孩子需要唤醒才能学习。这种唤醒状态的转变需要提升能量，而上调唤醒、在这些状态之间循环转变是正常而健康的。在平常的一天里，我们需要经历几个这样的能量周期。唤醒的上调，以及这种上调的周期性，都反映了纯粹的生物学状态，与"坏"或"好"的行为无关。

当这个循环**一直超速运转**，而我们无法减速的时候，我们就需要采取干预措施，打破失控的"压力循环"。

我会为这个压力循环添加更多的要素，但我们先从这个简单的版本开始讲起。图1-4向我们展示了压力循环中的身体和情绪要素是如何相互联系、相互强化的。

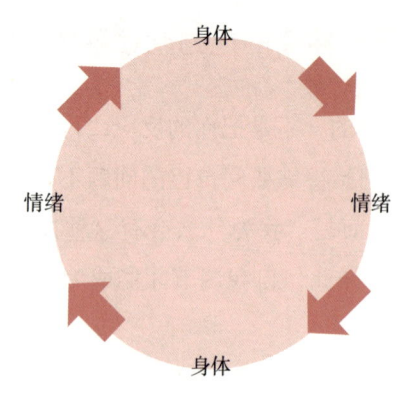

图 1-4　身体与情绪的联系

例如，与肾上腺素有关的刺痛或疼痛感会引发情绪联想——一种突然的恐惧或担忧。突然的恐惧或担忧同样能引发不舒服的身体感觉。如果长期承受压力，肾上腺素的反应也会持续下去。试图通过自控行为来强行终止压力循环，会让我们更加失控，因为身体和情绪唤醒反应会相互强化，进一步消耗我们本已耗尽的、用于做出反应的资源。人们常把冲动的爆发视为片刻的软弱，但这实际上是一系列生理事件（不同调节过程的激活或停止）的表现。

自我调节不会坚持让我们必须增强自控力，抑制自己的冲动行为，而是会教我们识别冲动的来源，并打破压力的循环。通常来说，只要认识到情绪与身体之间的强大联系，就足以让你步入正轨。

汽车配备了一个仪表盘信息系统，当我们的引擎过热、液体不足，或者燃料不足、要动用储备油箱的时候，仪表盘就会提醒我们。我们却没有这样的系统。没有仪表能告诉我们，我们什么时候陷入了压力循环，我们的"油箱"是否正在迅速耗尽，我们的引擎是否过热了。**消极的感受、想法和行为就是这些情况的信号。**当我们压力过大、精力耗尽的时候，这些信号就会告诉我们。

这对于帮助孩子调节自我来说尤其重要。问题在于，很多儿童甚至青少年，都很难说清自己的感受。他们是通过行为（或行为的缺失）来向我们展示他们的感受的。只要我们学会了解读他们的信号，我们就能采取有效的步骤，来帮助他们管理自身的唤醒。但是，对于父母来说，要做的第一步通常是认识到自己身上的信号的重要性。在照料孩子的过程中，他们会忽视甚至否认这些信号。

在自我调节的过程中，父母是天然的伙伴

春子和小秋：
站在自我调节与自我控制的十字路口

春子带着她 12 岁的女儿小秋来向我们求助。小秋正在与严重的焦虑做斗争，但春子自己也非常焦虑。她坐立不安，手指上的烟渍表明她经常吸烟。这一切完全可以理解：她对女儿充满了担忧。

春子是那种不会把自己的需求置于女儿之上的母亲，但问题是，她自己也深陷在压力的循环之中，处在全面的、严重的过度焦躁状态里。她有很严重的睡眠问题，这加剧了她

对金钱、另一个孩子、自己的婚姻以及工作的担忧。当她在半夜醒来时,她的思绪会从一种忧虑转向另一种忧虑。她自己也承认,自己"精神崩溃"了,而这种长期紧张状态,只会让她更容易在小秋心情不好的时候感到担忧。焦虑、紧张、脆弱和更多的担忧,只会进一步增加她的紧张,减少她的精力。

春子向我们展示了一种很有意思的模式。这种模式我实在是见过太多次了,应该专门拿一篇文章来谈——《父母的抉择:自我调节与自我控制》。她很快意识到了自我调节对她女儿的重要性,但她坚信自己需要的是更强的自控力:这都是为了她的女儿!她很快就看到了女儿因为各项生理、情绪和社会因素而压力过大;但她觉得自己为此负有责任,甚至对女儿的焦虑感到内疚,她坚信自己需要更努力地控制自己所有的担忧。

虽然花了一些时间,她最终还是意识到了,就像女儿一样,她也需要自我调节。春子决定和小秋一起上瑜伽课。她年轻时练过瑜伽——在她做母亲之前。她当时就觉得做瑜伽很舒服,能让人平静下来。不久之后,春子和小秋每次来与我们见面的时候,背包上都绑着瑜伽垫。

当然,我们的成果远远不止是开始做调息呼吸练习法。其一,春子有很强的动力去做任何能让她们俩感觉更好的事情。其二,小秋从她自己的自我调节练习中受益良多,大大减轻了春子的无助感。但是,最大的动力来自春子的意识转变,她意识到她像小秋一样需要自我调节。

看到她们两人进步如此之快，实在令人惊喜，与其说她们是**共同进步**，不如说她们在**互相帮助**。

自我调节：改变行为的五个核心步骤

自我控制的思维方式，代表了对所有挑战都采取"一刀切"做法的理念。相比之下，自我调节创造了一套开放的、兼容并包的系统方法，其目的是调动我们的能量，帮助我们在任何情况下都能保持最佳状态。我们越了解自我调节，就越能把困难的行为转变为积极的沟通机会。

任何年龄的孩子都可以学习自我调节技巧。我的主要目标是让你学习如何帮助孩子调节他自己。就像春子一样，你会学着读懂孩子发出的信号，理解孩子行为的重要性，识别并减少压力源，让孩子参与到这个自我觉察的过程里，而不是试图压抑或控制孩子的想法、感受或行为。自我调节的这五个步骤将成为你的第二天性：

1. 读懂信号，换个角度看待行为。
2. 识别压力源。
3. 减轻压力。
4. 反思。觉察自己何时、为何压力过大。
5. 做出反应。找出帮助自己平静、休息和恢复的方法。

这五步中的每一步，都是你可以学着在压力下为自己做的事情。

读懂信号，换个角度看待行为。 我们要做的许多事情，都涉及学习如何理解那些原本只会让你觉得麻烦或恼火的行为。这就要从身边的事情做起，即读懂你自己发出的信号，弄清它们都是什么。这些信号就像发烧或皮疹一样重要。

识别压力源。 问问自己"为什么是现在"。压力通常意味着工作和金钱上的问题、社交上的担忧、要做的事情太多而时间却不够。这些当然都是压力源，但**压力**的概念更广泛、更微妙，尤其是当我们谈到**隐藏的压力源**时。对有些人来说，噪声或某些声音可能是重要的压力源。对另一些人来说，光线或视觉刺激（太多或太少）会带来压力。其他常见压力源包括气味、触感、坐下或站立，以及等待。值得注意的是，我们所处的环境中可能有很多压力，但我们将这些信息屏蔽在意识之外。但是，我们大脑深处的监控系统——哺乳动物脑和爬行动物脑却没有将其屏蔽，这些脑区总在不断地和我们体内的感受器对话，谈论如何处理这些压力。

减轻压力。 如果你对光非常敏感，那就把灯的开关换成调光器吧，这样能让你调整灯光亮度，让你感觉舒适。在自我调节中，"调光器"是一个很有用的通用比喻。我们有身体上、情绪上、认知上和社会性上的压力源，给所有这些压力源装上调光器是很有帮助的。在某些情况下，你可以完全避免与压力源接触。

反思。觉察自己何时、为何压力过大。 我们可能习惯了过度的压力，以至于这种状态变得"正常"了，甚至连静坐不动、专注于我们的呼吸（通常是令人平静的事情）也可能远比躁动不安更令人痛苦。自我调节能培养这种对于内在状态的觉察，这种过程有时相当缓慢，所以这种转变不仅是可以忍受的，还是令人享受的。最终的目标是让你觉察压力过大的原因（而不仅仅是压力的表现）。

做出反应。找出帮助自己平静、休息和恢复的方法。最后，我们需要一些策略来减少紧张，恢复能量。这就是为什么自我调节完全是一趟因人而异的旅程。这里没有一刀切的做法。让一个人感觉平静的东西，可能对另一个人有截然相反的效果。今天能让你平静下来的事物，可能明天就不会有相同的效果了。正是因为如此，要让第五步发挥效果，前四步都是必需的。有了读懂信号的能力，你才能分清哪些应对策略是适应性的，哪些策略是适应不良的。我们之所以说有些应对策略是适应不良的，是因为它们只能提供短期的解脱，却让我们更加疲惫、紧张，更容易进入过度唤醒或唤醒不足的状态。自我调节策略在本质上是适应性的，具有持久的作用和价值，因为它们侧重于让你自我调节的自然系统恢复平衡，并帮助你保持这种平衡。

流行的正念练习的最大吸引力在于，这种练习代表了一种处理恼人症状的重要的非药物方法。但重要的是，我们不能忽略这样一个事实：像"心神不宁"这样令人恼火的症状，其实是压力过大的信号。此外，我们始终要考虑个体差异：有些人（尤其是孩子）觉得专注于呼吸或冥想练习本身就是一种压力源。我们会发现，有些正念练习通常是有帮助的，但它们可能引发更大的焦虑——又是一件需要控制的事情，所以在有些情况下，可能会对自我调节起到反作用。放松练习有多种选择，最重要的是，你要帮助孩子找到合适的方法。

我们需要的不是力量，而是安全

我们会很自然地认为，当你半夜焦虑地醒来时，你无法再次入睡的原因是所有那些紧迫的问题。但事实并非如此。这种焦虑的思绪只是一个信号，表明你内部的警报在你睡觉的时候响了。在你上床睡觉时，你可能正处于高度紧张的状态，并且一直都处在这种状态里。触发警报的事情把你弄醒了，还让你的心率、血压都升高了，呼吸也加快了。激增的肾上腺素让你睡不着觉，还加剧了焦虑。你前额叶皮质里的那些用于再评估这些担忧的系统上哪儿去了？别提了。它们都停止工作了。

中止这种压力反应循环的一种方法是，做你觉得能让你平静下来的腹式深呼吸和正念练习。研究已经证明，简单的正念练习可以让大脑平静下来。这些方法包括在你缓慢呼气、吸气时把注意力放在呼吸上，想象一些总能让你平静下来的人或物，或者做这样、那样的冥想。关键在于寻找所谓的"乘数效应"，而不是"灵丹妙药"（促进自我调节的单一方式）。你的孩子应该尝试各种各样的自我调节活动，包括运动、音乐、艺术，或者其他正念活动。你可以画一幅画，或者听一首能让你平静下来的音乐。你在自我调节的时候，不是为了分散注意力，或者压抑那些困扰你的事情，而是为了打破压力的循环。换一个角度看待侵入性的想法或担忧，或许你就可以立即释放紧张感，启动恢复功能，让前额叶皮质恢复正常。

人类不太善于发现自己什么时候处于低能量、高紧张的状态。我怀疑其中有很强的演化上的原因：毫无疑问，在危险的野外，我们最好还是关注威胁，而不是关注自己的感受。今天的问题是，压力源无处不在，我们经常在不知不觉间就压力过大了。

自我调节的真正力量在于弄清和知道我们处于哪种唤醒状态，以及如何释放紧张感。这样做的结果并不是我们终于拥有了战胜心魔的力量，而是随着压力强度的减弱，心魔便会逐渐消失。

第 2 章

超越棉花糖实验

自我调节与自我控制

今晚是体操之夜。我真的很期待从楼上的家长观礼室观看女儿的体操课,这是一件我不常做的事情。对我来说这是一个好机会,可以让我放松下来,看我八岁的女儿做一些我连做梦都没想过的事情。

在我旁边的长凳上坐着一对年轻的父母,他们带着一个三岁的孩子。用临床上的话来说,这个孩子真是"多动"。他是个精力充沛的小家伙,不停地叽叽喳喳地问问题,在房间里跑来跑去,通过敲玻璃来引起姐姐的注意,拼命地想让其他孩子和他一起玩。他的父母觉得他的行为非常讨厌。很快我就忘了我的女儿,开始默数这对父母在五分钟里说了多少次"不行"。(14次。)

他们的训斥越来越严厉。爸爸妈妈一开始是温和的，但很快他们就恼火了，然后就真的生气了。他们想让儿子安静地坐在长凳上，但这孩子几乎做不到。他们试着给儿子吃从家里带来的健康零食，给他买爆米花，让他玩掌上游戏机，甚至试图"收买"他，但没有一种办法能起到超过一分钟的效果。

他母亲终于忍不住在他屁股上打了一下，用力地把他按在长凳上。小家伙抽了抽鼻子，然后尽力坐着一动不动。他坚持了好几分钟。然后，他蹑手蹑脚地从长凳上站起来，警惕地注视着父母。他发现父母都很专注地看着体操课，于是拔腿便跑——但只跑了一小会儿！同样的情景多次上演。在接下来两个小时的体操课里，这家人一直忙个不停。

看到这种情况，我深感同情。我和我自己的孩子也有过同样的经历。我猜每个人都有过忍不住对孩子生气的时候。"为什么我第一次叫你吃饭的时候你不来？""让你去洗漱怎么就这么难？""你为什么要对你母亲说那样的话？"我有个问题：如果我们不把这些话当作抱怨，而是将其当作**真心的提问**，那会怎样？

那天晚上，当那场家庭闹剧在体操课中上演的时候，还有好几个同龄的孩子安安静静地坐在观礼室里。那么，这个小家伙为什么如此焦躁不安？他父母的努力为什么没有效果？问题为什么**在这时候**出现？这些都是重要的问题。

这个孩子觉得待在狭小拥挤的房间里很难受，需要不断走动才能感到安全。也许他觉得硬木凳不舒服，或者觉得体操很无聊——也有可能他看得兴奋异常，也得跳来跳去才行。还有许多个"也许",但这就是重点。他的行为比以往任何时候都更加清晰地表明,他压力过大了。他的父母警告他,要他控制住自己,但他们逼得越紧,他就反抗得越厉害,而父母也就变得越绝望。

事实上,无论是这个男孩的行为,还是他父母的沮丧和最后的愤怒反应,都不能说明他们天生缺乏意志力或自控力。他们每个人都筋疲力尽,倍感绝望。我们都知道那种感觉。在我们与孩子相处的艰难时刻,有没有办法能改变这种行为上的"拉锯战"?最重要的是,有没有办法能改变结果?答案是肯定的,但要实现这一点,我们就需要在思维上做出巨大的改变——让自我调节而不是自我控制,成为努力的侧重点。

这两者之间的区别可能会让人困惑,即使对专家来说也是如此,我们一会儿就能看到这一点。作为父母,当我们感到孩子的行为或我们的反应"失控"时,我们就会很自然地认为,我们缺乏的是控制。但是,专注于控制也会让我们错失机会:对话终止了,潜在的建设性互动结束了,从长期来看有意义的教育时机也失去了。自我调节能立刻打开机会的大门。我们首先要做的是问一个简单的问题:"为什么是现在?"

至关重要的一点是,我们必须有意识地区分自我控制和自我调节。否则,我们就会自动地将问题解释为,孩子不是"好的"就是"坏的"。随后我们就会对孩子的基因、品性、学习和人生潜能做出错误的假设。

棉花糖研究与自我控制的迷思

1963年,美国心理学家、斯坦福大学教授沃尔特·米舍尔(Walter Mischel)做了一个简单的实验,这个实验后来成了"自我控制对于儿童人生成功有多重要"的标志性参考依据。这项研究考察了600名4~6岁的儿童。在实验中,研究者承诺,如果孩子能够耐心等待,就可以得到更多的棉花糖。米舍尔的研究表明,那些能够抵制棉花糖诱惑的孩子,后来在学校里表现得更好。后续研究表明,那天能够延迟满足的孩子,长大后在各方面都表现得更好:他们更有可能完成高中学业,继续上大学;身心健康问题更少;不太可能从事鲁莽的冒险行为;不太可能惹上法律上的麻烦,也不太可能沉溺于成瘾问题,在"生活满意度"上的得分也更高。

人们很容易认为这些都是自我控制的问题。像"一个小孩子能否抵制诱惑"这样粗糙的衡量标准,却可以用来预测人生轨迹,实在是有点可怕。棉花糖研究似乎证实了一个古老的信念:自我控制是未来成功的关键。不但如此,这项研究中的儿童年龄也被人视为证据,证明我们可以在很小的时候就发现孩子自控能力差劲。这两个假设结合在一起,就助长了这样的希望:如果我们及早干预,就可以增强孩子的自控力,确保他的人生成功。这进而又导致经典的行为矫正成了教养、教育和太多专业心理咨询的主流。

这种"延迟满足"的任务甚至成了网上流行的《芝麻街》⊖

⊖ 美国儿童教育电视节目。——译者注

（*Sesame Street*）歌曲里的主题。但我们不知道的是，你可以控制孩子如何完成这项任务——也可以控制青少年、大学生，甚至成年人。如果你在任务开始前就让孩子筋疲力尽，或焦虑不安，那他很有可能就等不及了——即使他之前能很好地完成等待的任务。事实上，如果你让孩子在吵闹、拥挤或有强烈气味的环境中做这项任务，或者事先用某些消极想法或情绪刺激他，他就很难等待。

棉花糖任务似乎是一个无害的娱乐，但它是精心设计出来的，用于观察年幼的孩子如何应对压力。对很多孩子来说，这项测试有很大的压力。孩子被单独留在什么都没有的房间里，无事可做，只能坐在桌旁的一张不舒服的椅子上，盯着一个直接放在他视线范围内的棉花糖。除此之外，孩子还承受着另一种压力：等待一个陌生的成年人回来，给他奖励，却不知道自己等了多久。看着孩子在测试中受苦，你会发现，这项任务在他们**看来**就好像没完没了的煎熬。这就是一个纯粹的压力测试，这个房间是为四岁儿童量身定制的宇航员隔离舱。

现在的科学告诉我们，孩子对这种苛刻情境的反应主要取决于他的唤醒状态。在那盘棉花糖出现、研究者发出指令之前，孩子是否平静也是重要的信息。孩子选择吃掉一个棉花糖，而不是等待更多棉花糖的奖励——这件事本身其实并不能告诉我们太多信息。至于孩子**为什么**吃或者等，这就是自我调节的问题了。自我调节才是我们的力量所在，有了这种力量，我们才能改变行为、培养终生的抗逆力，并且在充满压力的世界上茁壮成长。

我们已经看到了，大脑会通过触发消耗能量的代谢过程来应对压力，然后再启动另一系列代谢过程，来抵消前者，促进恢复。我们一直在利用这些相互制约的平衡机制，来维持体内环境的稳定。这些机制能让你的核心体温接近固定的 98.6 华氏度——在一天中的变化接近 1 华氏度，通常上午体温较低，下午晚些时候或晚上体温较高。如果你太热了，身体会通过释放热量和出汗来恢复平衡。如果你太冷了，你就会发抖或牙齿打颤。

这些过程都需要能量，而能耗最高的时候就是当我们的边缘系统（掌管强烈情绪和驱力的"情绪大脑"）拉响警报的时候：我们会对威胁做出反应，然后恢复平静。我将这个过程比作汽车上的油门和刹车：当杏仁核发现危险时，下丘脑就会踩下油门；当杏仁核关闭警报时，下丘脑就会踩下刹车。问题是，如果杏仁核太频繁地拉响警报，下丘脑就会不断地踩油门，然后再踩刹车。这样一来，刹车片就会磨损；恢复系统就会失去复原能力。发生这种情况时，你就会看到各种问题：行为问题、学习问题、身体问题、社会性问题，以及情绪问题。自我调节能让情绪大脑平静下来，让警报和人体的生理唤醒平静下来，使反应与恢复的双重系统能够顺利合作。

很重要的一点是：如果孩子处于能量耗竭的状态，他就更难抵制冲动，无论是抓起一块诱人的棉花糖的冲动，还是在被要求静坐时跑来跑去的冲动。然而，如果你草率地得出结论，认为棉花糖研究的重点是自我控制，那你就忽视了关键的一点：保持静止和安静是需要消耗能量的，在压力下要做到这一点更是如此，这是生物学上的事实。压力越大，消耗的能量越多。此外，如果你把自我控制作为目标，你的回应方式就更有可能增加孩子的压力，让事情变得更糟糕。

体操课上那个不安分的小男孩就是一个很好的例子。当他父母最初让他安静下来的努力失败后，他们加大了管教的力度。他们不停地斥责他的多动，然后打了他的屁股，这一切只会让孩子压力过度的状态更加严重，让他更加焦躁。最糟糕的结果是，父母的严厉行为逼得孩子从"战或逃"状态变为僵住状态，而这种状态很容易被误认为顺从。父母可能会想："好啦，现在他听话了。现在他知道我是认真的了！"但不幸的是，处于僵住状态的孩子几乎不能把你说的话听进去。孩子的战斗－逃跑－僵住反应被触发得越多，他对压力的反应就越敏感。神经系统会更容易报警，也更难平静下来。

自我调节和自我控制的区别不仅仅是语义上的。语言和思想具有持久的力量，尤其是因为，它们会在我们看待孩子的方式中表现出来。在自我控制的问题上，有关意志力或自控力的长期误解具有持久的力量，扭曲了我们对孩子的理解，限制了我们看到的，甚至是允许孩子拥有的潜力。这种误解会让我们做出假定，比如认定小孩子之所以抗拒不了棉花糖的诱惑，是因为他天生意志薄弱。

我们有一个基本的误解：我们要通过奖惩来教孩子自我控制。一个世纪前，美国心理学家约翰·华生（John Watson）提出了现在所说的行为主义观点。这种观点认为，只要明智而审慎地使用基于科学的奖惩制度，你就可以按照任何你想要的方式塑造孩子的性格。这种观点认为,你需要从你哄孩子睡觉时如何回应他的哭声做起。这种理念认为,安慰哭泣的婴儿只会奖励你想要改变的行为;孩子必须学会自己控制自己的情绪,你不去安慰孩子是更有效的教育方式。

按照这种思路,棉花糖研究的启示应该是:如果一个四岁孩子意志薄弱,那是因为他父母没有教会他如何抑制或控制他对即时满足的自然欲望。这些错误的理论已经在人们对育儿的普遍态度中根深蒂固了。在过去的几年里,我们才开始意识到这种看法是多么有害。

与各种心理、行为和社会性问题做斗争的孩子数量激增。在过去,这些问题会被归咎于自控能力差,但我们现在有了更准确的理解:这些都是自我调节的问题。例如,儿童肥胖和糖尿病的流行,反映的不仅仅是孩子缺乏抵制垃圾食品的意志力。

对我们的孩子来说,有些更基本的东西失去了平衡。更严格地强调自我控制,并不是解决问题的答案。自我控制不能培养或恢复自我调节能力,而孩子需要这些能力,才能每天处于最佳状态,并且在行为和健康方面做出有意义的改变。除非我们能明白这一点,否则我们就有可能助长那些导致孩子缺乏自我调节能力的因素。

从棉花糖到情绪崩溃:压力驱动行为

多年来,关于棉花糖的研究有过无数种版本。到目前为止，最有趣的发现是，我们可以通过增加研究对象的压力来操纵他们的个人表现。各种各样的压力源都被研究过。例如，研究者可能会要求研究对象思考或看一些令人痛苦的东西。在完成实验任务时，他们也可能暴露在巨大的噪声或强烈的气味里。研究者可能故意把测试的房间弄得太热、太冷或太拥挤。或者，研究者可能会给测试定时，让研究对象在饥饿或睡眠不足时执行任务。

研究表明，情绪、身体或心理压力越大，我们就越难以延迟满足。这个结果告诉我们，孩子抵抗冲动的能力首先是一个生理唤醒的问题：这是压力太大的结果，反映了压力对能量储备的影响。当你压力过大、筋疲力尽的时候，要清晰思考有多难？再留意一下，当你感觉平静的时候，抵制诱惑又有多么容易。这样看来，孩子的行为是生理和情绪因素的表现，自我调节的作用与自我控制形成了鲜明的对比。

能量耗尽

压力源有多种多样，包括环境、身体、认知、情绪和社会压力。每种压力源都会影响自我调节过程。在嘈杂的教室里，让孩子坐在一张狭窄的椅子上，布置一项需要集中注意力的作业，在附近安排一个让人分心的同学——这时做作业可能就成了一项艰巨的任务。如果让孩子去上学，却不让他吃一顿像样的早餐，也不让他睡个好觉，由此产生的压力和能量消耗就会更大。想想孩子上次发脾气或情绪崩溃的时候吧，把在家里的情况也算上。找一找压力因素,你会找到的。

更加复杂的是,这些不同的压力之间有着错综复杂的联系。以一个常见的操场上的场景为例。先是发生了一些让孩子焦虑的事情。焦虑让孩子紧张,耗尽了他的能量。孩子就更难领会周围微妙的社会性信号了,这让他更加焦虑,更难以和朋友建立联结——而这些朋友原本可以让他平静下来。孩子能量不足,紧张持续升级,于是他逐渐情绪崩溃了。这种循环会贯穿孩子的一天,对有些孩子的影响会比其他孩子更强烈,这取决于孩子在各种压力下的敏感性、气质和抗逆力。

如果孩子承受了太多不同的压力,他们通常无法用语言告诉我们,但他们会把压力表现为行为、情绪、不听话或无法与其他孩子相处。因环境因素(例如声音、气味、视觉干扰、椅子或袜子的触感)而压力过大的孩子可能很难集中注意力,也可能容易对惹恼他的人发脾气。也许另外一个孩子通常不受环境因素影响,在社交方面也很从容,但他依然可能因为父母的离婚或情绪状况的其他巨变而深受打击。还有一个孩子,他可能因为睡眠、运动不足和营养不良而缺乏能量——这是当今孩子生活中常常缺乏的三种东西。这些问题的根本原因是相同的:孩子承受的压力过大,没有足够的能量去应对。过度的压力消耗了他们在漫长、艰苦的一天中的能量。

问题还不止于此。当压力耗尽了孩子的能量时,他们会依靠肾上腺素和皮质醇来继续前进。这就是为什么他们会变得亢奋或狂躁。而且,这种情况下不只我们难受,他们也是难受的。这绝不是一个孩子"只要他愿意",就能控制的行为。因为他并没有**选择**这样行事。他大脑中负责有意行为的部分,恰恰会在他变得亢奋或狂躁时停止工作。我甚至不确定那天在体育场里的小家伙有没有听到他父母的要求,更别提有没有理解了,因为负责听的那部分大脑也关闭了。

换个角度看待孩子的行为,以回答"为什么是现在"

一旦你意识到,孩子的不良行为是由压力过大引起的,你们的整个关系就会发生转变。在自我调节中,这种做法就叫"**重塑你对孩子行为的认知**"。一旦你能区分不当行为和压力行为,那么当孩子做了让你不满的事情时,你就会发现自己能更好地停下来反思,而不是自动做出反应。你会变得好奇,而不是生气。你不会训诫或教导孩子,而是会倾听——用上所有的感官。你不会做出增加压力、导致孩子消耗更多能量的反应,而是会帮助孩子平静下来,找回平衡,恢复能量。这就是自我调节。

自我调节建立在五个发展领域之上:生理、认知、社会性、情绪和亲社会领域。所有这些领域都会相互作用、相互影响;它们都蕴含了这个问题的答案:"为什么是现在?"除了非常年幼的孩子(对他们来说,社会性和亲社会方面的压力源还不是重要的因素),大部分孩子都要应对这五个方面的压力。

孩子压力过大的一些最简单的迹象是,他们做出了一些经常被误认为是不端行为或不良态度的事情:

- 很难入睡或睡不安稳；
- 在早上很暴躁；
- 很容易心烦意乱（即便是遇到了很小的事），而且在烦躁时很难平静下来；
- 情绪波动大，之前还很高兴，片刻之后就很痛苦；
- 难以集中注意力，甚至难以听到你的声音；
- 很容易生气，或者看上去过度悲伤、害怕、焦虑。

指责、羞辱或以其他方式惩罚孩子的这些行为，只会让事情变得更糟。惩罚本身就会成为一种压力源。如果惩罚足够严厉，那么就像我之前提到的那样，孩子就会陷入僵住状态。在大脑应对压力的策略层级中，僵住是一个令人担忧的阶段。僵住的样子看上去好像是自我控制，但实际上恰恰相反：由于不堪重负，反应系统已经停止工作了。

如果我们开始把行为看作自我调节的反映，是孩子对压力、唤醒和能量水平做出的反应，而不从自我控制和顺从的角度来看待行为，就会发生巨大的变化。有时候解决问题的方法非常简单——降低声音，整理孩子房间里杂乱的视觉干扰，或者改变房间的灯光。对于一些孩子来说，他们的问题更深也更复杂，这让他们往往像我们一样困惑不已。我们会看到他们努力尝试，然后失败。我们会看到他们不去尝试，但我们不知道问题的原因，也不知道该怎么办。或者，我们会看到他们放弃尝试，但我们理解这是为什么，可是依然不知道该怎么办。无论你们遇到哪种情况，换个角度看待孩子的行为，都能立即

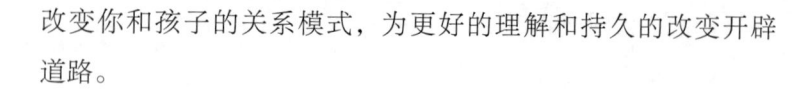

改变你和孩子的关系模式，为更好的理解和持久的改变开辟道路。

小迪：从问题孩子到校园领袖

小迪的父母从一开始就知道，他们的小儿子需要额外的耐心和关爱。小迪的出生就很艰难，他在阿普加新生儿健康测试的关键指标上得分很低：黄疸、高心率、呼吸急促、易激惹。这意味着他在出生后的头四天都必须待在新生儿重症监护室里的胆红素灯下。一开始的一项最大挑战是：小迪对光线、味道和气味都异常敏感（我们称之为过度敏感），却对触摸和声音敏感性不足（敏感不足）；虽然他听力很好，但他难以分辨某些语音。此外，他越累或者压力越大，这些过度敏感和敏感不足就变得越明显。

不出意料，小迪的第一年过得很艰难。他在吃饭和睡觉上都有很大的困难。他经常哭，很难平静下来。他们的儿科医生建议他们来找我们，我们就一起开始研究小迪的压力源到底是什么，并制定了安抚他的策略。小迪的父母发现，如果他们放低音量，放慢说话、做手势和动作的速度，他就会变得更平静。当他焦躁不安时，父母学会了通过晃动和摇摆来安慰他，而且他们会避免把他带到超市那样的环境中，因为他们知道，他很快就会承受不住过多的感官刺激。

到两岁的时候，小迪易激惹的问题依然很严重，但他已经开始每天晚上在同一时间入睡，并且能够一觉睡到天亮了。他开始好好吃饭了，而且，最重要的是，他开始非常喜欢自己的父母了。仅仅是妈妈的声音就能让他微笑,一个温柔的安抚,或者被爸爸抱在肩膀上,通常都能让他平静下来。

在接下来的几年里,当小迪开始和托儿所和幼儿园的其他孩子互动时,新的障碍出现了。一些孩子玩得很起劲的活动,却让小迪感到疲惫。他对语音的低敏感性让他注意不到日常的听觉线索,比如某人对他说话时的语调。他的不回应会让人困惑,有时还会激怒别人。在家里,他父母理解他,并习惯了用热情、支持性的方式与他交谈。但是在社交场合,在与老师和其他孩子沟通出现问题时,他的这种特点就会制造紧张气氛、导致局面紧张。

小迪的精细运动技能也有问题。像涂色、玩积木或操纵玩具这样简单的活动都很容易让他沮丧。对他和他身边的每个人来说,他的沮丧让普通的社交和学习活动都变得特别具有挑战性,也很有压力。

小迪的强项是,他在运动方面的大肌肉运动技能相当出色。到他一岁生日的时候,他就已经开始跑步了。他父母经常带他长时间地散步,每次散步时,他都会多走一段路,然后才要父母把他抱回车上。他非常喜欢打打闹闹的游戏。当三岁生日的时候,他已经会翻跟头了。到四岁时,他最想做的就是学滑冰和打冰球。小迪的情况就是我们所说的"感官渴求",他是一个需要大量运动和触感的孩子,这样他才能感觉到自己与身体的联结。他滑冰滑得越多,他就越平静,吃饭越香,睡得越早、越好。

到五岁时,小迪已经是一个活跃的孩子了,但在社交场合依然很难不惹麻烦。当他在家放松的时候，他既可爱又好相处，但当他沮丧时，他就脾气暴躁，因此很难交到朋友。他不知道如何与玩伴相处。在学校里，当事情不如他所愿时，他就会一把抓过玩具，或者对其他人推推搡搡。他母亲觉得，在家的一对一玩耍聚会可能会更好，但事实并非如此。在学校或家里，只要发生一场关于玩具的小争吵，冲突就可能很快升级，小迪就可能推人或打人。渐渐地，大家都知道他是那个没人会邀请去玩或参加生日聚会的孩子了。

小迪很难坐着不动，很难加入团体活动（比如围坐在一起），也很难听从指示。他不太容易在那些场合中注意社交线索，这就更容易造成错误和误解了。到五岁时，小迪已经被儿童运动馆、儿童艺术俱乐部、学前夏令营和进步式托儿所赶出来了。他要么直接拒绝参加团体活动，要么在参加时影响他人，很快就被要求离开了。

尽管小迪在平静的时候相当可爱、讨人喜欢，但他总是被看作"难相处"的孩子，并因此受到孤立。在别处，他没有得到那种父母在他生活中给予的、始终如一的温暖与鼓励——在学校和课外活动中，他经常被责骂、被罚去做计时隔离。他讨人喜欢的时候得不到欣赏，这种时候也变得越来越少了。不出所料的是，到七岁时，他表现出了各种低自尊的迹象，并且因此不愿意承认自己的过错——这往往只会让负责照看他的成年人更加愤怒。

尽管小迪的父母很用心，但有时候他们也会担心小迪的未来，每当遇到新的挑战和挫折，他们的焦虑都会增加。但是，他们依然专注于减少小迪在家的整体压力，比如限制他看电视，坚持要他早睡。当小迪情绪崩溃时，他们很耐心，不严厉；他们注意到，这样一来，当小迪真的情绪崩溃时，他就能更快地恢复平静。

我提到过，小迪在四岁时就求着父母让他学滑冰、打冰球，但我们很快就明白了，尽管他很渴望打球，但他也为真正上场打球感到极度焦虑——他要忍受团队运动中有压力的社交，还要听教练的话。但是在父母的帮助下，他坚持了下来。他经常需要别人帮助他系冰鞋的鞋带，他对松紧非常挑剔。每当因为冰鞋太紧或太松而不得不无数次解开鞋带时，他的父母没有生气，只是再次系好鞋带，然后问他现在行不行。不知为什么，他们能够凭直觉意识到，他的挑剔既和真正或想象出来的鞋带不舒服有关，也和小迪感受到的焦虑有关。

他们还遇到了一些老师、教练和其他人，他们很愿意和史蒂文一起工作，减少他在学校的压力，帮助他运用一些策略来减轻焦虑，并帮助他专注于学习。在小迪刚开始打球时，他穿着冰鞋几乎无法移动。有一位泰克斯队的冰球教练用幽默和锥形交通标筒来帮助小迪继续在冰面上练习。有些队友也为他加油，和他一起庆祝他小小的胜利。还有小迪自己对滑冰的极度渴望，再加上其他的支持，这些都给了他更多的动力去继续努力。

有一位幼儿园老师，她是个天生的教育工作者，她知道如何让这个焦虑的小男孩离开妈妈安全的怀抱，勇敢地去上学。她意识到小迪很容易被教室里的噪声吵得无法忍受，于是她在后排为小迪安排了一个安静的角落。只要小迪需要平静下来，他就可以随时到那里去。

二年级时，一位支持他的老师采取了额外的措施，减少了课堂上的干扰，这样小迪就能更有效地把精力集中在阅读上——阅读对他来说是一件难事。重要的依然是减少压力源，进而减少他集中精力所需的努力，以便让他能够掌握他渴望学会的技能。

一次又一次，支持小迪的成年人通过减少他身体和情绪上的压力源，帮助他平静下来，让他能掌握他需要、想学的重要技能和学习内容。渐渐地，小迪能够集中注意，仔细聆听老师或教练的指示；能够有效整理思绪、采取行动，做好作业，打好冰球；能够理解其他孩子的想法和感受；也能够明白自己的行为或话语对他人的影响了。做到所有这些的关键，包括最后说到的那件事，不是纯粹的意志力，而是自我调节。自我调节使他能够运用自己的能量，面对挑战，做出改变。

随着时间的推移，小迪学会了认识自己的压力源，调整自己的情绪，理解他的身体状态如何影响自己的情绪和应对压力的能力，并将焦躁和愤怒转变为更有效的抗压方法。换句话说，小迪自己也正在学习如何自我调节。经历了很多起起伏伏之后，小迪终于在学业和运动上都取得了成功。十几岁的时候，他成了高中冰球队的队长，也是学校里天生的领袖。他成了我们都希望他成为的那种青少年，拥有稳固的友谊、坚定的价值观、坚毅和坚忍不拔的品质。无论是棉花糖研究还是行为矫正理论，都不可能预见这一切有希望（甚至有可能）发生在每个人都认识的那个小迪——或者因为早期行为问题而被放弃的许多孩子身上。

小迪并非异类。无论孩子面临什么挑战，自我调节都是积极改变和成长最重要的组成部分。自我调节是一个过程。在某种程度上，自我调节能立即改变你们的关系和孩子的行为，但其他重要的改变会随着时间的推移而发生。最重要的是，自我调节挖掘和开拓了孩子的内在资源，也开拓了你的内在资源。

欺负孩子，还是抚育孩子：最终责任在于我们

只有通过他人的调节，孩子才能发展出自我调节的能力，这是自我调节的基础。这并不意味着"孩子获得自控力的唯一途径就是我们先控制他"。

自我调节的关键，在于觉察并加强生理唤醒调节的内部过程，而不是行为管理；也在于成年人所扮演的关键角色——孩子唤醒状态的"外部调节者"。成年人要一直扮演这个角色，直到孩子能够独立自我调节为止。各种事情都可能触发孩子的过度唤醒状态，也可能让孩子进入低能量、低兴趣的状态（我们称之为**唤醒不足**）。发生这种情况时，重要的是我们要帮助孩子恢复平静，而且无论发生什么，我们都不要让问题变得更糟。

小迪就是一个很好的例子。成为一名熟练的冰球运动员，需要无数个小时的训练和对冰场的专注，但这不是一个关于坚毅品质的故事。小迪之所以在冰场上花那么多时间，是因为

他发现这项运动非常有助于他调节自己（至少一开始是这样）。许多花了大量时间自愿从事某种特定活动的孩子也是如此。他们之所以善于烘焙、艺术或钢琴，不是因为他们想"成为最棒的"，而是因为参与这些活动让他们感觉很好。

当小迪开始自我调节时，他的转变也不是瞬间发生的。他经历了许多起起伏伏。挫折通常都是由某种身体上的原因引起的——比如生病或睡眠不足。他觉得难以应对某些困难的情绪：羞耻和内疚让他很难承受，就像每个孩子一样。当小迪生病、过度疲惫或非常尴尬时，他就会倒退回小孩子的样子。他会变得非常易激惹、有攻击性，对无关痛痒的话都会用一连串粗鲁的咒骂来回应，而这样只会把事情复杂化。或者，他会变得好斗，甚至很凶，完全失去了理智。作为一个运动健将，他是个很强壮的男孩，变成这个样子可能有点吓人，甚至有些可怕。但是，最严重的挫折总是源于别人在这些情况下对小迪做出的反应。正是因为看到这样的事情发生在了许多孩子身上，所以我才想写作本书。

把奖惩换成自我调节工具箱

从本质上讲，小迪的故事讲的就是他父母做出的思维方式转变：他们选择把自我调节作为教养哲学和日常亲子互动的核心。他的父母学会了用和之前（他小时候）一模一样的方式，来应对他的情绪爆发：安抚孩子而不是做出愤怒的反应。我曾经问过小迪的母亲，她是如何在这些困难时刻保持冷静的。

她的回答一直指导着我与其他父母和老师的合作。她告诉我："他实际上不知道自己在说什么或做什么。那只是他让我知道他很痛苦的方式。"这就是**改变视角**的关键。

当孩子处于这种状态时，我们往往会很严肃地看待他所说的话。我们已经非常习惯于把语言作为主要的交流方式，以至于我们只听孩子说的话，却不听他说话的语气。但是，如果我们能忽略他说的**内容**，只听他说话的**方式**，那我们听见的就是一个小孩子发泄情绪的声音——他很痛苦。我们的孩子（即使是更大的青春期孩子），都需要我们在这些时刻重新扮演起外部调节者的角色。

小迪的父母会根据需要，和他一起培养他的自控能力，但他们发现，当小迪睡眠充足、好好吃饭、锻炼身体并练习自我调节时，自控力往往不是问题。随着小迪越来越了解自己的内在状态，越来越了解某些压力是如何影响他的，他能更好地意识到自己何时会变得疲惫或紧张，并且知道应该如何应对。在十几岁的时候，他甚至会在一场重要比赛或考试的前一晚不去朋友家过夜，或者不参加聚会：他知道他需要好好睡一觉，才能在第二天保持最佳状态。

我们为人父母的日子里，充满了各种各样的压力。我们的婴儿渴求我们的关注，他们会不合时宜地哭泣；每个婴儿的父母都经常睡眠不足、疲于奔命。在孩子的童年期和青春期，我们一直在应付他们的情绪和不断变化的爱好。在极端的情况下，大喊大叫的情绪崩溃、在公共场所的情绪爆发，都会让我们头痛不已，会消耗所有可用于应对的能量（你的和孩子的）。

就像星星之火一样，一些小事积少成多，最后就会有一颗愤怒或沮丧的火星（他们的或我们的）点燃情绪的大火。

　　直到过去的几年，科学和临床实践才为情绪和行为的生物学、自我调节的基本作用以及支持自我调节的技能与习惯提供了清晰的解释。学习自我调节永远都不嫌太迟，也永远不会太早。事实上，大自然就是这样设计我们的。自我调节从出生起就开始了。

第 3 章

非同小可
唤醒调节与脑间联结

伟大的美国生物学家斯蒂芬·杰伊·古尔德（Stephen Jay Gould）在他的著作《自达尔文以来》(*Ever Since Darwin*)中写道，人类的婴儿都是早产儿。在生命的早期，他们都是不折不扣的"子宫外的胚胎"。"人类婴儿生出来时都是胚胎，而他们在出生后的头九个月里一直都还是'胚胎'。"他写道。这种理念能大大改变我们的看法。每当我在给父母的演讲中用这句话开篇，我总能清晰地听见一阵倒抽气的声音。与动物王国的其他动物相比，人类大脑在出生时的确非常不成熟，而且这种不成熟会持续相当长的时间。

我们在出生时是无助的。我们来到这个世界时还不能自己吃饭，我们将近一年都不能走路，也完全无法照料自己。

这时，自我调节能力也刚刚处于启动阶段（你的婴儿会频繁而歇斯底里地告诉你这一点）。然而，这就是我们人类的一个典型特征。为什么大自然要把自我调节这个关键的、未完成的任务留给新生的大脑呢？这和现代教养方式又有什么关系呢？

这个问题的答案在于人类的两种同样优秀的特质，这两个特质使得早期人类比其他物种具有明显的演化优势。其一是两条腿行走（直立行走），另一个是拥有很大的大脑。直立行走在能量效率方面有很多好处，其中最大的好处就是解放双手，这最终使我们的祖先可以为狩猎和持家制造许多节省劳力的工具。直立行走还引发了各种解剖学上的变化，其中最重要的就是大脑的生长，以及由此产生的科技和社会发展。

这样只有一个问题：如果要直立行走，女性就无法生下那么大的大脑。大自然巧妙地解决了这个问题：在出生后让大脑越长越大。经过40周的妊娠，胎儿的大脑仅生长到能够通过产道的最大限度，这样就不必对女性的解剖结构进行全面改造了。(有一次，当我向一大群听众解释这一点时，有一个声音从后面传来："大自然太过分了！")

随着成年人大脑变得越来越大，每一种演化中的人科物种的婴儿的大脑，体积占成年后大脑的比例都越来越小。如今，新生儿在出生时的大脑，体积约为成年人大脑的1/4。出生导致了神经的爆炸式生长，这种生长非常快速、广泛，在人的一生中是独有的。轴突和树突（神经网络系统的根和分支）开始出现，并在大脑的不同部分之间形成连接。这些根与分支之间的连接叫"突触"。在生命的第一年里,每秒钟就会有数百个新的突触形成。这一过程的学名——旺盛的突触发生(exuberant synaptogenesis)就说明了这一点。这些突触之间的连接是如何形成的,在很大程度上取决于孩子与照料者之间的互动。

大约在八个月的时候,大脑会开始剪除多余的突触、加强重要的连接。这样一来,当孩子在探索世界、爬行、伸手、抓握、拉扯的时候,胡乱挥舞四肢的动作会变少,有目的性的动作会变多。突触的旺盛生长和剪除会以惊人的速度持续下去,直到孩子四岁左右。到六岁半的时候,大约95%的大脑已经发育成熟了。大脑早期发育的突触生长和剪除过程,是大脑所有其他方面发育的基础。对这一过程的损害可能导致一系列身心健康并发症。

孩子一生**对压力的反应性**,在生命的最初几年就已经开始形成。支持语言、情绪、社会性发展、思维和行为的神经系统与神经连接,都是在早期的亲子互动中形成的。作为父母,我们倾向于关注新生儿迫切的生理、实际需求,这是可以理解的。但是,早期的照料是更深入、更复杂的神经发育过程中必不可少的一部分。婴儿大脑未完成的发育决定了我们父母应该扮演的角色。对婴儿不成熟大脑的理解以及脑科学的不断进步,为我们提供了惊人的证据:婴儿与照料者之间密切、持续的互动,刺激了大脑的迅速生长和塑造。大自然不仅希望人类父母为他们的后代扮演一个亲密的抚育者,还依赖我们切实做到这一点。

出生：我们惊心动魄的起点（刺激物的风暴）

出生可真是吓人。在舒适的子宫里度过相对安静、平稳的九个月后，胎儿突然被迫离开自己的庇护所，穿过狭窄的通道，被挤伤、压伤，最后被生出来的时候，却发现自己受到了各种从未经历过的感觉的刺激：光线、噪声、空气、寒冷、手的触摸，以及干毛巾或毛毯贴在皮肤上的感觉。接下来就要被人戳来戳去，称重，测量，测试心率、肌肉张力和反射，还要被眼药水刺痛，注射维生素 K 和疫苗，最后还要被人在脚后跟上扎针抽血。

新生儿还必须处理各种新的、不熟悉的，有时还是不舒服的内部感觉。独立呼吸是一种全新的体验。在子宫中，氧气和营养物质都是通过脐带直接输送到婴儿血液里的。脐带也带走了这个紧凑空间里、在婴儿周围堆积的废物和二氧化碳。

大自然决定了新生儿有一些天生的反射，能应付这些出生后的过程，但这不意味着新生儿不需要在生理上付出极大的努力。所有这一切都已经很累人了，但新生儿还要做出第一个重要的行为：哭泣。一些证据表明，胎儿在妊娠晚期会无声地哭泣，但即便如此，这种新的哭泣是大声的、尖利的，会让人筋疲力尽。

尽管新生儿的内外环境突然发生了所有这些变化，但与他在子宫里时相比，他的基本需求并没有发生变化。他仍然需要温暖、安全、有保障，仍然需要食物。他现在必须弄清如何将自己的需求表达给另一个人——与此同时，他在疲惫中调节和恢复的能力是有限的。就像胎儿在子宫里的情况一样，在婴儿出生后的第一年里，父母（或其他细心的照料者）必须仔细观察和照顾婴儿的需求。

安抚婴儿是早期照料中的关键部分，因为婴儿很容易受惊吓，每次婴儿受惊吓的时候，他的神经系统都会消耗大量能量。惊吓反应就是婴儿的"战或逃"反应，这种反应会让婴儿从头到脚的肌肉都紧张起来。他可能会挥舞四肢，或者弓起背，并且心跳加快，血压升高，呼吸急促。为了弥补这种能量消耗，大脑会释放恢复性的神经激素，但如果压力太大，就必须减少能量消耗，抑制包括免疫和生长系统在内的许多过程。这种抑制本身就会成为更大的压力源。比如说，在一个持续充满压力的环境里，消化系统的工作会变慢，婴儿就可能失去茁壮成长所需的营养。

对成年人来说，想法、记忆、情绪以及外部事件，都可以触发应激反应。对婴儿来说，触发应激反应的主要是内外部的刺激，包括原始的情绪回路，如恐惧或愤怒。这些反应是大脑对危险最原始的反应——无论这种危险是真实的还是感知到的。这些反应是由哺乳动物脑和爬行动物脑中的系统所控制的，这些系统会在妊娠晚期被激活，而且永远不会"下线"。即使在子宫里，甚至在婴儿睡觉时，这些系统也会监测环境中的威胁。

由于惊吓反应会消耗大量能量，所以我们必须确保婴儿不要太频繁地受到惊吓；即便惊吓发生，也要让婴儿有机会恢复平静。生理上的**唤醒**是指，婴儿的身体与情绪对内外部感觉的警觉性和反应性如何。如果婴儿受到惊吓,却没有机会恢复平静,他很快就会陷入过度唤醒——一种生理和心理都高度紧张的状态——这使得他更有可能再次受到惊吓。有些婴儿在过度唤醒时会变得无精打采,本能地用退缩的方式保护自己——这是婴儿的**逃跑**反应。还有些婴儿会变得易激惹,而这就是婴儿的**战斗**反应。

梅梅:小酒馆里的婴儿

梅梅的父母要求见我,因为他们不能让他们三个月大的女儿梅梅每天睡上6~8个小时。一般来说,这个年龄的婴儿每天要睡大约15个小时。在他们的提议下,我们约定在他们家附近一家很受欢迎的小酒馆见面。我原本以为就只有我们三人见面,梅梅会在家和保姆待在一起。令我惊讶的是,他们用婴儿车推着梅梅,出现在了小酒馆里。我说起这一点时,他们笑着告诉我,这是唯一能让她乖乖听话的地方。他们每天都会带她来这家小酒馆。她一进门就会睡着,并且只要在这儿,她就会一直睡觉。确实如此,我们见面的时候,梅梅就睡着了。

这番宁静的景象,这种习以为常的、在小酒馆里睡觉的习惯看起来没什么问题,除了梅梅的父母给我打电话,说她在家睡不好觉。

我当然明白她父母为什么那么喜欢带她去小酒馆。这是一个摆脱家里的哭闹和折腾的休息机会。这样让她打个盹似乎很简单,就像开车带她去兜风一样,只不过不需要应付交通问题。此外,到这里来还有一个额外的好处,那就是有机会安静地吃饭，唯一的干扰就是人们会啧啧称赞，说梅梅在一片喧嚣中睡着了，看起来多么像天使。

梅梅的父母告诉我，他们已经尝试减少梅梅白天打盹的时间，希望这样能帮她早点睡觉、睡得更好一些。他们试过在睡前播放舒缓的音乐。这种做法无效时，他们又尝试了白噪声机。他们甚至把她的摇篮移到了他们床边，想着她可能只是需要靠近父母。他们尝试的所有方法都没有效果。

只要认识到新生儿大脑的不成熟，我们就能用新的方式来看待这种情况，并理解可能发生的事情。也许是小酒馆里的喧闹声让梅梅不堪重负了，睡觉只是一种原始防御机制，用于保护自己免受过度刺激的伤害。也就是说，她并不是想睡觉，而是觉得待在小酒馆里太疲惫了。这意味着，她在小酒馆里打盹是问题的一部分。也就是说，她没有得到正在快速发育的年幼大脑所需要的恢复性睡眠。她的交感神经系统超负荷运转了。

梅梅不仅觉得难以入睡，而且似乎也**不想**睡觉。这种情况在幼儿身上很常见，但经常受到误解。她的父母知道，她肯定累坏了，但她似乎在努力让自己保持烦躁状态——一种过度唤醒的状态。我们很容易认为，一个竭力抗拒睡觉的孩子实际上并不需要睡觉，试图强迫他睡觉是没有意义的。

这种在最需要睡眠的时候抗拒睡眠的现象，在儿童和青少年身上很常见（成年人也一样）。但是，我们却在一个三个月大的婴儿身上看到了这种行为的苗头。为什么婴儿会经常抗拒睡眠？我们需要理解，为什么这种行为会变成一种模式，但更重要的是如何打破这种模式。这就是为什么古尔德关于婴儿不成熟大脑的理念和自我调节都表明，解决这一问题的方法与我们的假设恰恰相反。

梅梅的父母都曾提到，他们已经试着减少甚至不让她在家打盹了。就像许多父母一样，他们担心下午打盹是她夜间不愿睡觉的主要原因。事实上，孩子必须一觉睡到天亮几乎已经成了一种执念。这种想法的结果是，绝望的父母让他们的孩子晚睡，或者在睡前给孩子大量喂食，这样孩子就不会在夜间醒来。梅梅实际上需要多多打盹才能睡得更好。可是该怎么做呢？

如果我们只把这件事看作"睡眠问题"，传统的解决办法可能是狭隘地专注于睡眠本身、打盹和入睡习惯上。自我调节把侧重点放在了孩子的过度唤醒，以及如何终止这种耗尽孩子能量储备的疲惫循环上。在这个过程中，我们要先检查能量的情况，然后采取措施帮助梅梅在**一天中**减少能量消耗、储备更多能量。梅梅不仅需要更多的睡眠来储存更多能量，还需要更多的能量才能在睡觉的时候平静下来，以便睡得更多、更好。

睡眠是梅梅父母担心的问题，但真正的经验教训是，学会如何识别孩子压力过度的迹象是很重要的。帮助孩子自我调节的第一步，是观察孩子的行为，寻找压力过度的迹象，并且要记住，你的孩子是独特的。自我调节所需的能量是最根本的问题，这一问题会隐藏在截然不同的行为里。在梅梅的例子里，问题行为就是婴儿的睡眠不足；但我们也见过其他案例，有一个案例就是婴儿睡眠**太多**。有个婴儿哭泣太多，还有个婴儿从不哭泣。在一个案例中，有个婴儿每当父母试图抱她时就会变得很紧张；还有个婴儿会在父母的怀抱里无精打采。可能的情况是无穷无尽的，这些情况不一定意味着婴儿没有安全和保障感，但我们一定要认真对待这种可能性。

唤醒循环：能量的起伏

在一天中，婴儿会经历多种不同的唤醒状态。这是交感和副交感神经系统的作用，这两种神经系统能满足能量消耗的需要，然后负责恢复和补充能量。睡眠是最低的唤醒状态（见图 3-1），只会消耗保持基本健康、疗愈功能所需的能量。被压垮，也就是不堪重负，则是最消耗能量的状态。发脾气是一种常见的不堪重负的表现，但神经系统被压垮的孩子也可能以退缩来防御——排斥所有刺激，麻木自己的感官。我们在梅梅身上看到的就是这种情况。无论是唤醒过高还是过低，神经系统都要上调或下调唤醒水平，以达到平静的中间点。

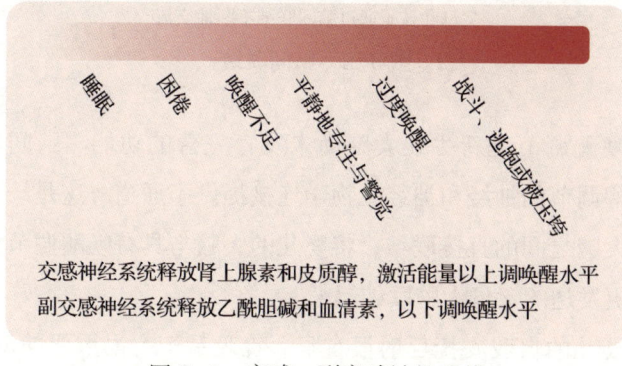

睡眠　困倦　唤醒不足　平静地专注与警觉　过度唤醒　战斗、逃跑或被压垮

交感神经系统释放肾上腺素和皮质醇，激活能量以上调唤醒水平
副交感神经系统释放乙酰胆碱和血清素，以下调唤醒水平

图 3-1　交感、副交感神经系统

脑间联结的诞生：关系让婴儿大脑变得完整

从神经学上讲，如果婴儿是"子宫外的胚胎"，那么什么东西会取代脐带，取代它在调节过程中的作用呢？你可以把这件东西想象成某种蓝牙或无线连接，将照料者和婴儿的大脑连接起来，以达到调节唤醒的目的。这种直观的相互交流通道叫**脑间联结**（interbrain），是通过触摸、对视、语音，以及最重要的情感联结，建立并维系的（见图3-2）。随着孩子的成长，脑间联结为亲子间的共同调节提供了深层的神经、心理和感觉通道。

父母和孩子通过脑间联结不断地交流

图 3-2　脑间联结

唤醒调节是新生儿大脑尚未发育完善的功能。脑间联结为唤醒调节的神经和神经生物学连接提供了通道。这是一种大脑与大脑之间的直接联结，将婴儿的大脑与具有唤醒调节能力的、更发达的父母大脑联结起来。

婴儿的自我安抚反射很有限。吮吸是一个很重要的反射，同样重要的还有分散注意力、视线回避（看向别处）和自我封闭。根据压力负荷的不同，婴儿可能会保持封闭状态，只是躺在婴儿床上，眼神发直，也可能反应非常强烈，长时间哭泣，难以安抚。由于他们的大脑还很稚嫩，他们会在各种唤醒状态之间不规律地转换。他们无法独立在这些状态之间平稳地转变，这一点都不奇怪。如果放任他们不管，他们就很容易陷入困境。他们需要我们帮助他们在唤醒状态之间平稳过渡，在玩耍或吃饭时帮他们"上调"，并在休息的时候帮他们"下调"。

高级大脑（暂且称之为"妈咪"或"爹地"）能读懂婴儿的信号——面部表情、姿态、动作、声音，并根据进食、玩耍、了解世界、休息和睡眠的需要，相应地调整自己的行为来帮助婴儿上调和下调。就像会本能地寻找乳头一样，新生儿生来就能与我们建立联结，让我们为他提供他还无法独立做到的内部调节。

婴儿生来就有好奇心，但所有的新生儿都需要照料者去逗，才能与照料者互动，而所有的照料者都需要学会如何去逗婴儿。如果到了喂食或互动时间，但婴儿无精打采、反应迟钝，父母可能需要通过增加自己的笑容、音量、手势等，来帮婴儿上调唤醒状态。如果到了睡觉时间，孩子还是过度唤醒，动作一惊一乍，或者眼睛睁得大大的，父母可能需要通过洗澡、唱摇篮曲、读故事或轻轻摇晃等传统的方法来帮婴儿下调唤醒状态。这里的挑战在于，对于不同的婴儿来说，哪种感觉能让他充满活力或者让他平静，哪种感觉让他觉得不舒服或疲倦，都是不一样的。

在通常情况下，婴儿会被你的语音里的情绪节奏、温柔的触摸、灿烂的笑容和闪闪发光的眼睛所吸引。照料者的这些表情线索，能上调婴儿的唤醒水平，帮助他调动足够的能量参与那些重要的社会互动。婴儿会通过这些互动发展自己的情绪，了解面部表情、语音、手势和语言的含义。同样地，当孩子明显压力过度、需要时间恢复平静时，你抚慰的声音和爱抚能帮他下调唤醒水平。

作为父母，你对孩子需求做出的回应，要像对自身需求做出的回应一样。事实上，在回应婴儿的需求时，你**也**在回应自己的需求，因为脑间联结是双向的。照料者的回应是生理上的，而不仅仅是认知上的。你不仅能**意识**到，还能真正**感受**到婴儿的感受。婴儿痛苦时，你也会痛苦，婴儿愤怒或害怕时，你也会愤怒或害怕，通过安慰婴儿，你也安慰了自己。

"左右脑"理论认为，大脑的两个半球分别负责不同的思维模式。左脑与逻辑、理性、客观思维有关，最重要的是，还与语言有关；右脑则与直觉、主观思维有关——这种思维建立在我们从他人的肢体语言、面部表情、语气、姿态和动作中（通常是无意识地）得到的线索之上。虽然这两个半球的结合程度比我们以往认为的要高，但左右脑模型可以作为一种有用的速记法，用来代表自我调节采用的不同沟通模式。

脑间联结始于父母和婴儿之间"右脑对右脑"的沟通。这种沟通是通过触摸、声音、表情甚至气味实现的。在接近两岁的时候，婴儿的左脑开始发挥作用：语言逐渐形成。在短短几年内，语言会成为儿童的主要沟通方式，不过早期的右脑沟通模式会始终在"表面之下"继续进行。可以说，右脑沟通决定了我们对于他人的感受和反应。

这种亲密的交流有助于为孩子设定基础唤醒状态，也就是他大脑的"空转速度"。对引擎来说，设置空转速度是为了产生恰到好处的动力，以维持许多核心和附属系统的平稳运行。不同引擎的空转速度是不同的，没有单一的标准，并且会经常根据不同的环境因素（例如温度的季节性变化）或该引擎特有的内部机械应力来调整。

婴儿的"空转速度"必须产生足够的动力，才能驱动免疫系统，以及生长、恢复所需的代谢过程与细胞生长过程。然而，孩子承受压力的时间越长，空转的基础速度就会上调得越高。孩子承受的压力包括生理压力和情绪压力，前者包括饥饿、睡眠不足或生理上的敏感性，后者包括恐惧、愤怒或消极体验。孩子承受的压力越大，他的基础唤醒水平就越高，他在"休息"时消耗的能量就越多，他对压力的反应也就越强烈。婴儿对升高的基础唤醒水平会有非常不同的反应。在长期的压力下，他们可能变得孤僻、易激惹，或者在这些反应之间转换——有时就在片刻之间转换。

婴儿的基础唤醒水平是通过脑间联结形成的，这是由生物学因素和经验相互作用的结果，你的反应和你们关系的氛围也对此产生了强大的影响。但是，有些婴儿的生物学特征让他们更容易受到高度唤醒的影响，更难以平静下来。梅梅就属于这种婴儿。

简单的改变就能让孩子在家睡得更香

小酒馆婴儿的复原

梅梅的父母重新审视了他们家的环境、活动模式，以及他们与梅梅在一起的休息时间。我们有理由认为，先天的敏感再加上梅梅长期的少睡眠、高压力模式，提高了她的基础唤醒水平，让她更容易受到惊吓，激活"战或逃"反应。这意味着，即使她在睡觉的时候，她的呼吸和心率也是加快的，她的心脏总是比正常婴儿更辛苦。此外，当她有压力的时候，心脏就会跳得更快；当压力消失的时候，她的心率会维持快速状态，这会反过来不断地向原始大脑发送信号，让它保持高度警觉。所有迹象都表明，这种升高的唤醒水平已经成了她默认的空转速度。

梅梅不仅感到难以下调唤醒水平，似乎还不喜欢我们所说的放松与平静。这可能是一种习惯高唤醒状态的功能，就像是哺乳动物脑在说"我不想放松警惕"或"这种感觉很陌生、很可怕"。不幸的是，如果神经系统随时都在准备发现危险，它就会草木皆兵，即使危险并不存在。梅梅消耗的能量太多，越来越难以恢复。

安抚容易过度唤醒的婴儿

梅梅的失眠与整天容易受惊吓的模式，是"容易过度唤醒"的一个例子。对于容易过度唤醒的婴儿来说，适合他们的自我调节减压策略和其他婴儿一样，都需要照料者采取措施来让家庭环境变得平和、舒适，尽可能接近理想中的"子宫"。梅梅的父母全身心地投入到这种改变的挑战中去了——包括采纳了我的建议（遭到了他们两人的抱怨），着手把他们的客厅变成一个"活的子宫"。

首先，他们关掉了电视。在他们家，电视总是开着的。早上的新闻里常常充斥着战争前线的爆炸声、其他报道中令人担忧的声音，以及新闻播音员急切的讲话声。梅梅的母亲是一名平面艺术家，她告诉我，她很喜欢在工作时用电视做背景音。但是现在她注意到，当电视里的广告声、警报声或愤怒的人声突然变大时，梅梅会做出反应。吸尘器、搅拌机或门铃等普通电器、用具的声音也会吓到梅梅。甚至连气味也要淡化一些。让梅梅的父母想起徒步旅行时光的松树气味，似乎也会让梅梅感到不安。

梅梅的父母一步步地发现并排除了那些让梅梅感到不适的东西。一周后，她开始每天睡16个小时，早上和下午也要美美地睡上一觉！这并不意味着我们所有人都得费尽心思把客厅变成"活的子宫"。对于不同的婴儿来说，什么东西能安抚他、什么会刺激他，都是不一样的。对于梅梅的父母来说（对所有父母也是一样），关键是发现梅梅什么时候受惊了、什么时候压力过大了，并读懂她过度唤醒的迹象。他们没有试图草率地消除她的睡眠问题，而是减少了梅梅的压力源，继续与她平静地互动。他们很快发现，梅梅不那么容易受到惊吓了，并且更愿意接受让她平静的东西了。事实证明，梅梅的失眠给她的父母敲响了警钟，让他们学会了识别她何时过度唤醒，何时需要他们的帮助才能平静下来。

从某种意义上讲，紧密的脑间联结可以说是自我调节的教养工具箱中最主要的工具。我们可以有意识地使用脑间联结，帮助孩子度过一天的起起伏伏，并随着时间的推移学会自我调节。这种共享的经历和情感亲密不仅能丰富亲子关系，还增强了孩子建立健康关系的能力，增加社会参与带来的调节的益处。

让我们变得平静、舒适、完整的联结

我在接受斯坦利·格林斯潘（Stanley Greenspan）的培训时，了解到了脑间联结的力量。他给我看了一段他自己拍摄的录像，录像里拍的是一对父母和他们患有自闭症的四岁女儿。在视频的开始，小女儿漫无目的地徘徊着，完全不理会父母和周围的环境。她漫不经心地拿起一个玩具，玩了一会儿，然后又把它扔了。几分钟后，格林斯潘在录音中说，他想要大家做一些互动，母亲做出了一种灵长类动物学家所说的"恐惧的苦笑"（fear grin），这是一种焦虑而非愉悦的表情。

这时，格林斯潘关掉了录像，让我推测一下这个孩子的发展水平和她未来可能的样子。我有些不忍心看这个视频，这位母亲渴望与孩子建立联结，但完全无法做到，而父亲坐在沙发上，身体和心灵都与母女隔得远远的，显然觉得这整个过程都很难以忍受。这种情况看起来很不乐观。我不禁对格林斯潘的问题做出了悲观的回答。多年来，我也对自己的学生重复做了同样的练习，他们的回答也一样悲观。

格林斯潘接着重新播放录像带。我看得完全入了迷：通过帮助父母调整他们的行为，他几乎能立即改变整个互动的关系模式。他们需要放慢语速，话语和手势要柔和一些，耐心地等待孩子的回应。然后，我看到孩子第一次意识到了父母的存在，然后完全被父母吸引住了。在他们玩捉迷藏游戏的时候，孩子显得非常快乐，甚至开口讲话了。看到录像的结尾，我看到了最感人的一幕，不禁热泪盈眶：妈妈和孩子玩累了，她们都需要休息一下，她们俩不约而同地靠在一起拥抱和亲吻。

母女互动的这一幕，展现了脑间联结的力量。两个原本互不相连的大脑突然步调一致，都因为彼此而感到深深的快乐，然后让彼此平静下来——**这一切都发生在那种联结之中**。这不仅是一种联结，而是依恋和爱的开端。突然间，我明白了我研究多年的科学所蕴含的深层意义。科学难以完全解释脑间联结现象，但格林斯潘的研究、我们在研究所做的研究，以及其他人的研究，都记录了这种现象的方方面面，强调了脑间联结在唤醒调节中的重要作用。

借助精密的视频微区成分分析工具，科学家已经能够证明，父母露出的那种大大的、充满爱意的笑容，能够让婴儿感到快乐，能迅速给婴儿能量。婴儿的积极反应会立即通过灿烂的笑容传达给父母，因此双方的笑容被称为"高度唤醒的共生状态"。彼此的喜悦都能让对方欢欣鼓舞。

相反的情况也会发生。杰出发展心理学家埃德·特罗尼克

（Ed Tronick）研究了母亲的面部表情如何影响婴儿的情绪状态，这是我们这个时代最著名的心理学实验之一。在实验中，母亲先和婴儿玩几分钟，让婴儿进入愉快的唤醒状态。然后，研究者让妈妈把头转开片刻，然后再转回来，面无表情，持续几分钟。

最初实验中的婴儿有 8 个月大，在这个年龄，他们已经具备了很好的沟通能力，但还不会说话。在每一对母婴中，婴儿对"无表情"母亲的反应都是一样的：他们会拼命地想让妈妈回到原来的样子，用上所有的可爱笑容和手势。看到母亲依然很疏远，他们会变得越来越焦躁不安。

这些科学发现告诉我们，为什么脑间联结在我们的生活中具有那么大的力量；为什么我们对彼此的需求如此强烈，而且这种需求不仅是情感上的，也是神经生物学上的；为什么当我们的孩子经历痛苦时，我们感受到的痛苦会如此强烈；为什么我们在情感共鸣时体验到的快乐，**只会**在这种时刻出现。我们的大脑会对情感共鸣做出反应，婴儿也是如此，我们都会生成一种"感觉良好"的神经激素，生活中没有任何其他事物能起到相同的作用。我们与孩子建立联结时的快乐，能让我们变得完整。脑间联结不仅能满足孩子最深层的需求，也能满足我们自己的需求。

与脐带不同的是，脑间联结不会到了一定时候就被弃之不用。如果亲子之间的依恋是安全的，脑间联结就会永远是亲子之间亲密而持久的纽带。这个纽带能提供安慰、鼓励，能缓解压力。脑间联结永远是亲子关系中的重要部分，而且从许多方面来看，它会成为与他人建立亲密关系的基础。

在特罗尼克的无表情实验中，母亲对婴儿的示好最初没有做出反应，这代表了社会参与系统的根本性崩溃。有些婴儿会退缩、冷漠，还有些婴儿会变得愤怒、好斗。当母亲重新参与互动时，婴儿会很快恢复协调状态。如果婴儿没有恢复，则可能预示着存在更深层的问题。

社会参与不仅仅是一种习得的应对策略，用于补充我们的自我安抚反射。**我们生来就要从彼此身上获得能量，并通过彼此恢复能量。**我们不像有蹄类动物一样，仅仅是一起进食的群居动物。我们是社会性动物，会通过表情、触摸、交谈、舒缓的语音，以及分享采猎成果，来维持彼此的生存、保护彼此。

没有经历过这种抚育的婴儿，可能会出现进食和睡眠问题，还会出现身心发育缓慢、运动与沟通能力发展迟滞问题，甚至患上心血管、自身免疫疾病。这样的婴儿随时处于高度警觉状态，这意味着他在不断地释放肾上腺素和皮质醇。这种持续的、反复的压力，会迫使他的神经系统做出反应，然后恢复平静，这样会在细胞水平上引发微妙的变化。这些变化可能会早早地损害孩子的健康和抗逆力，也可能造成长远的危害。

自我调节可以帮助婴儿、儿童、青少年变得更加平静，终止能量储备的入不敷出。如果孩子能量耗尽，爬行动物脑就会做出反应，关闭某些功能，或者进一步动用储备能量。这就是为什么脑间联结对儿童或青少年的健康至关重要。作为成年人，大自然给了我们更高级的大脑去控制孩子的爬行动物脑，直到孩子能够独立做这件事为止。

哪些因素干扰了脑间联结

有很多因素会干扰脑间联结的正常运作。例如，这种持续、双向的心理"对话"会对父母提出很高的要求，而严重的疾病可能会大大影响父母应对这种要求的能力。父母不在孩子身边，也会限制培养这种联结的机会，至少那种需要一对一接触的联结会受限。

父母的压力过大也会破坏脑间联结的调节作用。在接待各种家庭以及在诊所内的工作中，我们不断地发现，对自我控制的执着会变成父母最大的压力来源。令人惊讶的是，来到我们诊所的父母中，有那么多人真的担心对孩子的哭声"屈服"会破坏孩子以后的自控力，甚至担心婴儿会故意用哭泣来控制他们。对孩子的行为不满本身就是一种压力。

我们关注脑间联结的力量，是为了帮助孩子发展管理自身压力的能力，而不是"教孩子自控"，或者让孩子学会社交。自我控制在很大程度上是一种社会构念，既包括不同文化认为可取的行为，也包括这些文化期待孩子在何时、何地控制自己。孩子需要界限；事实上，缺乏界限本身就是一个压力源，会导致自我调节的问题。自我控制显然是良好社会功能的一个重要方面，但与自我调节是两码事。

生物学因素是自我调节的重点，也是理解脑间联结的重点。因为对于几乎无法向我们表达痛苦的婴幼儿来说，许多生物学上的挑战会让这种密切的双向互动变得非常困难。例如，父母眼中的光芒、拥抱或温柔的触摸原本是积极唤醒的来源，但对于有过度敏感的孩子来说，这些都可能超出了他的承受能力。对于没有某种过度敏感的孩子来说，如果他睡眠不足、饥饿或由于其他活动而筋疲力尽，他也可能不太愿意接受你的互动，或不愿意做出反应。

父母自然会倾向于对这些困难感到揪心。自我调节的一个关键部分是，学会在这种情况下放下个人的指责和痛苦，成为客观的观察者，既关注婴儿的需求，也关注自己的需求。我们越能弄清什么东西在消耗孩子的能量储备，就越能调整我们的互动，减少这种压力。自我调节能帮助父母做这种调整，并通过这种方式增强亲子联结。

亲子关系是自我调节的渠道

我们和孩子的关系为双方提供了改变与成长的环境。这是当今儿童发展研究的基础。神经成像与先进的心理生理学技术，再加上婴儿与父母互动的实时研究，极大地增进了我们对这种关系独特力量的理解。对于自我调节，最重要的是（我们现在知道这是一个极为重要的真相）：**正是通过被照料者调节，孩子才能发展出自我调节的能力。调节孩子**与**控制孩子**截然不同。前者关注的是管理孩子的唤醒状态，直到孩子可以独立做这件事为止。当你轻轻地摇晃婴儿，让他平静下来，对他唱歌，帮助他入睡，或者在他该起床的时候欢快地与他互动时，你就是在做这件事。

我曾经就这个话题做过一次公开演讲。一位听众——一位汽车修理工，在演讲结束后走到我面前说："所以说，这有点像把孩子的行为看作表示引擎运作状态的指示灯。"我喜欢这个比喻。从那以后，我就一直在与父母、老师和孩子的工作中用这个比喻。人人都能理解。这个比喻能帮助我们，把孩子的问题行为看作引擎因为某种原因过热的表现。一个总是很暴躁的婴儿，一个无法平静下来孩子，一个始终很焦虑的青少年：他们的"引擎"都过热了。还有些其他的"指示灯"，包括注意力问题、学习问题、过度的情绪反应、愤怒、攻击性或者社交技能不良。但是，考虑到个体的差异性是我们这个物种的首要特征，我们首先需要学习如何识别一个孩子的引擎指示灯，才能评估该怎么做！才能评估**这时**用**这种**方法对**这个**孩子有没有用。

那么，这个引擎的运转状况如何？

第 4 章

猴面包树下

自我调节的五大领域模型

乔乔刚刚五岁,进幼儿园也才一个月,他妈妈就接到了幼儿园打来的电话。乔乔又进了园长办公室。这是典型的、糟糕的、可怕的、不好的、非常糟心的一天。妈妈赶到时,发现乔乔痛苦地坐在幼儿园的办公室里,泪流满面、焦虑不安。

老师解释说,乔乔在学校乐队表演时就一直在抱怨,表演结束后,在匆忙回教室的路上绊倒了一个同学;到了教室,他就拒绝参加任何班级活动。在吃零食的时候,他不吃自己那份,还像做游戏一样,从其他孩子手里抢东西吃。然后,当老师要求每个人穿上外套到外面玩时,他拒绝了,开始四处挑衅,还撞上了桌子,最后痛苦地嚎叫起来。当老师试图对他说话时,他不看老师,一个字也没注意到老师在说什么。于是老师把他送去了园长办公室。这不是第一次了。

不久之后，我去幼儿园见了乔乔。我从没见过一个孩子这么容易受到惊吓。只要走廊那头的人打个喷嚏，他就会吓得魂不附体。他对轻微的噪声很警觉，让我想起了我的一只猫。他妈妈娜恩告诉我，乔乔对噪声似乎总是比其他孩子敏感。有人邀请乔乔去生日聚会时，她几乎不得不拉着他去，他一到场就会哀求离开。他只是一个喜欢安静的孩子。妈妈本来希望幼儿园对他来说会是一段愉快的经历，但乔乔害怕去幼儿园，妈妈也害怕他去，因为她知道这让乔乔很痛苦。

乔乔的问题不只是听觉的过度敏感。身体内部的感觉也让他害怕，比如他的心跳。他觉得某些情绪很难处理。当他生气或难过时，他总是很激动，完全没法控制。社会互动和社交上的要求让他感到不安。所以第一步是找出他所有的压力源。

我们不可能只是把他觉得有压力的事情罗列出来，然后逐一解决。和所有孩子一样，乔乔的自我调节问题涉及了一种乘数效应，也就是一种压力（例如吵闹的表演）让他对其他压力更为敏感。把他放在一间拥挤的房间里，他就会变得对噪声和光线更加敏感；当他感到沮丧时，他的疼痛阈限似乎就会直线下降，最轻微的碰撞也会让他嚎叫起来。回到教室后，一个接一个的刺激让他立刻崩溃了。这种乘数效应适用于我们每个人，但对孩子的影响尤为明显，因为他们仍然是生活体验的初学者，刚刚体验到生活中的高潮与低谷。

我们开始在学校系统中大规模地教授自我调节，想看看有多少孩子有着与压力相关的问题，结果让我们的研究团队感到十分惊讶。我并不是说，我们看到有临床问题的孩子数量激增（尽管卫生统计数据的确呈现了这一趋势），而是说，我们看到了这一代孩子在生活中有着太多的压力。孩子在很小的时候就已经表现出了一些与压力相关的、身心健康问题的迹象，这会使他们在以后出现严重问题的风险更高。

这些都是平常的事：即将到来的考试让他们焦虑，老师生气的声音让他们不安，与朋友的争吵让他们恼火。孩子的边缘系统处于高度警觉状态，履行着自己的职责——拉响警报。事实上，各方面的警报都响了。压力源与压力报警回路陷入了一个重复的循环，孩子的能量却在一直流失。

学业和体育的竞争越来越激烈，社交媒体也为友谊和社交创造了一个更复杂的舞台，许多休息和恢复精力的机会（如户外玩耍、真正的休息）都已经从孩子的生活中消失了。压力的诸多来源错综复杂地交织在一起，所以我们的任务不是寻找单一的压力源——就像寻找需要从肉里拔出的木刺一样——而是要解开困住孩子的压力网。

压力与自我调节的五大领域

压力千变万化，但大多数都可以归类到五个基本类别或领域中。这些领域能为你提供一种方法，去识别那些促使孩子做出行为的压力。这样一来，你就可以更深入地找出具体的压力及其来源，然后找到减压的具体方法，并帮助孩子也学着这样做。

由于涉及多个方面，所以自我调节是一个"动态系统"。这意味着系统内一个部分发生的任何事情，都会影响其他部分，既可能使整体变得更稳定，也可能使整体更不稳定。这五个领域相互影响，形成了一个复杂、紧密、综合的系统。与此同时，每个领域自身都是一个独特的、消耗能量的系统，一个始终有着能量与压力的系统。

生理领域

该领域包括神经系统，以及消耗和恢复能量的生理过程。能量的摄入和消耗的平衡因人而异，因情况而异。情绪也有生理成分，因为情绪能引发生化反应，让我们充满能量或耗尽精力——强烈的情绪更是如此，无论是积极的还是消极的。

生理领域的压力包括营养不良、睡眠或运动不足；运动能力或感觉运动方面的挑战（孩子难以跑步，或者不扶扶手就很难走下楼梯）；噪声、视觉、触觉、嗅觉和其他各种刺激；污染、过敏源、极端的冷热。

生理领域的压力可能表现为：精力不足或嗜睡；多动；难以在活跃与不活跃的活动之间转换；慢性胃痛或头痛；对噪声或声音敏感（可能包括你或老师说话的音量与语气）；难以坐在坚硬的表面上，或者难以静坐超过几分钟；肢体笨拙或精细运动能力差（如难以握住铅笔）；或者经常被多数人认为正常的刺激或压力压垮。

许多孩子甚至不知道"平静"的身体感觉是什么，也不知道精力充沛而不过度亢奋是什么感觉。帮助他们认识自己的身体状态是我们的责任：平静、清醒、投入时是什么感觉，进入低能量、高压力状态时又是什么感觉，以及他们能做些什么来让自己感觉更好。

情绪领域

对我们影响最大的，是那些日常生活中的强烈情绪。孩子尤其容易受到情绪的影响。他们要从零开始理解和管理强烈的情绪（无论积极或消极）、学习当情绪压垮自己时该做什么，并发展出有效表达感受的语言。不但如此，情绪的神经连接十分强大，以至于那些能够影响身体感觉强度（如疼痛）的情绪，可以让孩子对任何生理压力变得更敏感，或更不敏感。先天气质能影响一个孩子是对雨天感到失望，还是对即将出现的水坑感到高兴。

这个领域的压力源包括强烈的情绪，新的或令人不解的情绪，以及纠结的情绪。强烈的消极情绪会消耗孩子和父母大量的能量。积极情绪往往会让人充满活力，不过有时也会让人不堪重负。父母的任务是帮助孩子分辨自己（或他人）的情绪何时过于高涨，并学习如何采取措施，让自己少受情绪的控制，变得更加平静、镇定。

认知领域

这个领域指的是思维与学习，包括记忆、注意、信息加工、推理、问题解决和自我觉察等心理过程。好的思维需要好的注意力。在这一领域，最佳的自我调节意味着孩子能够忽略干扰，保持注意力，并在必要的时候转移注意，按顺序整理自己的想法，同时在脑海中记住好几条信息，计划并执行实现目标的步骤。

认知压力源包括：对内部或外部刺激的觉察不足；孩子难以发现的感觉信息（如视觉、听觉和触觉信息）；孩子难以理解某些感官体验，因为他无法识别其中的模式；孩子要处理的信息过多，或者做事的步骤过多；信息呈现得过快或过慢；信息过于抽象，或者以孩子还没有掌握的基本概念为前提；要求孩子集中精力的时间超过了他的能力。

认知领域压力过度的表现包括：注意力问题、学习困难、自我觉察能力差、难以在任务之间转换、难以处理挫折、动力不足。通常而言，在认知领域有问题的孩子在生理和情绪领域也会有压力，关注这些领域有助于缓解额外的压力，让孩子有更多的能量用于认知任务。

社会性领域

这个领域与在社交情境中适当调整行为和思维的能力有关。该领域包括社会性智力、人际关系技能，以及发展和使用社会接纳的行为的能力。在这个领域，自我调节能力最好的孩子能够注意到社交线索，包括非言语线索（如面部表情、语气），理解这些线索，并做出适当的回应；在交谈中轮流说话；

"修复"沟通问题；理解情绪如何影响他人的行为。

社会性领域的压力源包括：令人困惑或要求过高的社交场合、人际冲突、遭受（甚至只是目睹）攻击行为、由于不理解自身言行对他人的影响而导致的社交冲突。许多父母惊讶地发现他们对孩子的社交生活和交友方面的期望、观点或担忧会增加孩子的压力。

社会性领域的压力表现包括：难以建立或维持友谊；难以参与集体活动或对话；难以理解社交线索，无论是来自孩子的还是成年人的；在社交中退缩或遭受排斥；在社交中攻击性强或惊吓他人；被人欺负或欺负别人。

亲社会领域

这个领域包括共情、无私、内在标准与价值观、融入集体与集体行为、社会责任感，以及将他人的需求或更远大的目标置于自身需求之上的能力。在这个领域，自我调节能力最好的孩子能够顺利地从以"自我"为中心转变为以"我们"为中心。他能够与人建立联结，读懂他们的暗示，看出他们的需求，并且在必要时延迟满足自己的愿望，以便顾及他人的需求，还能根据他人的需要采取行动。他们能觉察群体的关系模式，并且能在班级或俱乐部这样的集体环境中妥协、合作、做贡献、学习、获益。亲社会领域还包括精神、审美、人道主义和智力发展等方面。

该领域的压力源包括：必须处理的他人的强烈情绪、被要求将他人的需求放在自身需求之上、个人与同伴价值观之间的冲突、道德观念上的模糊、内疚。在亲社会领域，孩子需要处理的压力正在大大增加。现在影响他的不只是那些困扰他自身神经系统的压力源，还包括那些他身边的人面临的压力，甚至包括整个群体面临的压力。他不仅要让自己保持平静、专注、做好当前的事情，还要帮助集体这样做。

亲社会领域的压力表现，往往与我们眼中的社会性领域有所重叠。首先表现为缺乏共情，这种现象在群体的社交情境下尤为明显。在这种情境下，孩子可能会感到焦虑、被排斥、被孤立，或者被群体中的强势者压垮了，也可能被与自己的道德、行为准则相悖的想法所影响。

常见问题行为中的压力是多种多样的

这五个领域中的每一个，都代表了一个不同的潜在压力维度。这里要强调的是"潜在"。某件事之所以能成为压力源，在于它如何影响我们，以及我们如何应对。这既可能是我们的一种习惯，也可能是发生改变的先兆——取决于其他因素。在各个领域里，能量耗竭和高度紧张的常见行为表现包括：脾气暴躁、注意不集中、孤僻、躁狂、焦躁不安、好斗、喜怒无常。有时候，孩子的行为会清楚地表明某个领域是压力的来源。一旦你明确了问题的这个部分，你就会开始看清问题的其余部分了。问题的第一个部分通常是最显眼的，达达一家就是如此。

达达和晚餐时的灾难

感恩节晚餐让达达的父母忍无可忍了。他的祖母到家里来吃饭了。大家刚刚坐下，15 岁的达达突然跑回了自己的房间。他经常做这种事：他放学回家后，径直回到自己的房间，然后拒绝和家人一起吃晚饭。父母无奈，只得给他送饭，而他会一边吃一边盯着电脑。他们早就不再要求他讲礼貌，也不再提他们希望一家人能在一起吃饭——他们不再对他说教任何事情了。

达达的父母带他一起来到我们的研究所，希望看看我们的诊所团队能否帮助他们。我们的心理健康临床医生尤妮斯·李（Eunice Lee）接见了他们，问了问他们昨天晚上做了什么。他们去了一家餐厅吃晚饭。尤妮斯问他们吃了什么，达达回答说，他吃了一个汉堡，但他想吃的是牛排。尤妮斯问他为什么不点牛排。

"你懂的，因为这个。"达达做了一个用刀叉切肉的动作。

"你是说，你没点牛排，是因为你不想切肉？"

"没错。"

"你为什么不喜欢切牛排？"

"你懂的，因为切肉时刀叉会在盘子上弄出声音来。"

我们可以看出尤妮斯恍然大悟了。

"这就是你不参加感恩节晚餐的原因吗？"

"当然了。"

"这也是你总是不上桌吃饭的原因吗？"

"我并不是总不上桌，妈妈做三明治或小点心的时候，我就会待在那儿。"

达达患有一种叫恐音症的病，患这种病会让普通的声音听起来刺耳。患者通常会害怕刀叉的声音，但也可能害怕很轻的声音：咀嚼、叹息、喝水的声音。我们仍然没有完全弄清这种问题的神经生物学原因，但可以确定的是，听觉的过度敏感、身体和情绪唤醒、社交压力，以及过去的经历结合在一起，可能会让普通的声音变成可怕的压力源。患者的反应从焦躁、高度焦虑，到强烈的"战或逃"反应都有可能。

可是，达达为什么不直接告诉父母，刀叉的声音让他难以忍受？当我们问他时，他答道："我说了，说了无数遍。"他在心里已经告诉他们了，可实际上他从没有说过一个字。孩子经常通过身体和行为告诉我们，什么东西给他们带来了过度的压力。如果我们不回应他们发出的信息，他们就会尽其所能地自行解决问题。

任何事情都可能成为压力源。对于儿童来说，尤其糟糕的一点是，有些东西对他们是压力源，但对那些与他们互动的成年人来说却不是。有太多的时候，老师或教练对孩子的压力行为做出的反应，仿佛是在说他们行为不当，就好像孩子是在"捣乱"或者"选择"让人生气一样。

孩子在压力之下做出的种种行为，常常让成年人认为孩子是在故意惹麻烦。患有恐音症的成年人常被人贴上"神经质"的标签，因为困扰他们的声音不会困扰他们身边的人。但是孩子却会被贴上"难养"的标签。我最担心的一个问题是，有很多孩子被贴上了"叛逆"的标签，但事实上，他们的行为只是在防御。一个孩子固执己见，另一个孩子泪流满面；一个孩子撒腿就跑，另一个孩子怒气冲冲。也可能一个孩子会出现上面所有行为。在这种情况下，通常会有一个压力源（通常不止一个）导致了这些行为。

达达后续的故事也很有启发性。在那次见面之后不久，我妻子和我带着孩子们去了达达一家上次去的那家连锁餐厅。我的两个孩子都在乡村长大，他们无法忍受餐厅的噪声，他们俩都想逃跑。我们所有人都想逃。我发现自己在想达达的事情。我想知道，他是怎么忍着吃完整顿饭的？就噪声而言，他在早餐时似乎没有同样的问题；并非一天三餐都会出现这个问题。他对声音的敏感性在某些情况下令他无法忍受，但在另一些情况下却是可控的，这该怎么解释呢？

孩子的忍受能力是由那五大领域中的许多因素决定的。对达达而言，在我们见面前那一晚，他没有逃离餐厅，可能是因为进市区是一次冒险，餐厅也很有趣，这两个原因让他的兴致很高。他的身体状态可能也是原因之一。那天他获准不去上课，以便到多伦多来见我们；也许是因为嘈杂的学校环境会让他疲惫不堪，而这次旅行让他从中得到了一些解脱。

对于像达达这样的问题而言，解决方法不是让全家人改为每餐只吃小点心，而是要消除他在五大领域内面临的多重压力源，并审视这些压力源是如何相互作用的。我们在自我调节时，应该从整体着眼，而不仅仅盯着最明显的压力源。

协调一致还是压力过大：
五大领域 × 乘数效应 = 压力循环

上幼儿园的乔乔从音乐会上跑出来的时候，他的"战或逃"警报响彻了他的其他几大领域：他推搡同学，顶撞老师，对碰撞桌子的疼痛更加敏感，最后被情绪崩溃彻底压垮了，一路抽泣着穿过大厅，来到园长办公室。对达达来说，刀叉的声音只是促使他逃跑的因素。突然间，来自所有不同领域的压力源开始相互作用，增强了每个压力源的影响。

我们为家庭工作开发的最有用的一项工具，就是图 4-1 所示的压力循环概念。如果孩子在任意一个领域内压力过大，压力的上升就会引发不断升级的过度唤醒循环——取决于孩子的能量水平与紧张程度。如果没有外部"刹车"系统的帮助，压力就会迅速失控。

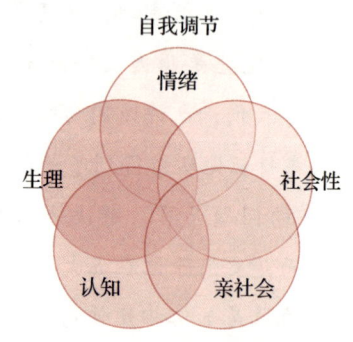

图 4-1 乘数效应：五大领域的压力循环

任何领域内的任何压力源都可能引发压力循环，但孩子在低能量、高紧张的状态下最容易受到影响。一旦触发了压力循环，任何其他领域的压力反应阈限就会下降（这意味着孩子的反应会变得更加强烈），并且能让孩子唤醒反应升级的问题也会大大增多。自我调节最重要的一点是：

孩子越是处于低能量、高紧张状态，他就越会觉得某一个领域（有时是所有领域）的压力更难处理。他越是觉得某一领域的压力难以处理，这种压力就越容易耗尽他的整体能量储备。

在这种情况下，父母很难保持平静、镇定，也很难履行他们应有的调节性"刹车"的职责。在情急之下，孩子的行为或话语也会让你过度唤醒。这时，不仅孩子五大领域的压力源在互相助长，父母的压力源和过度唤醒也在通过脑间联结传递给孩子（见图4-2）。这就是为什么当孩子有压力时，我们努力帮助他，事情却常常以冲突告终。

亲子沟通可能让双方的过度唤醒升级
图4-2 脑间联结互动中的压力循环

如果父母和孩子陷入了不断上升的压力循环，脑间联结就会失去同步。此时脑间联结就不能作为调节的助力去减少唤醒，反而会增强唤醒；在一阵阵叫喊、眼泪、威胁和指责中，疲惫会让许多身心功能停止工作（见图 4-3）。我们做的很多临床工作都是在制定打破压力循环的策略。打破高唤醒循环，通常有多个切入点，但第一步总是相同的：我们必须让孩子和自己回到能量与紧张的平衡状态。

问题是：我们该怎么做到这一点。

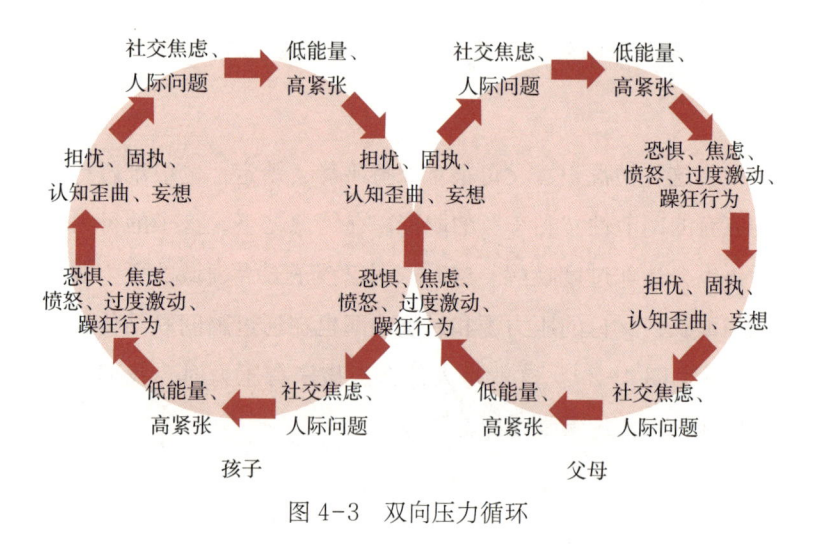

图 4-3 双向压力循环

皮尔巴拉之旅：猴面包树下

关于如何打破压力循环，我在一趟前往澳大利亚的旅途中学到了印象最深的一课。我曾和西澳大利亚州儿童事务专员米歇尔·斯科特（Michelle Scott）一起前往皮尔巴拉，去观摩她的单位与各种儿童组织开展的工作。皮尔巴拉是一片广袤的地区，包括了印度洋的广阔海滩、令人惊叹的岩层，以及内陆的峡谷。人们认为，大约在四五万年前，这里是第一批原住民定居的地方，这里独特的自然环境一直令人印象深刻。

到那里的第一天晚上，我约斯坦共进了一顿丰盛的晚餐，他是一名原住民医者，专门从事针对问题青少年的工作。第二天我们在罗伯恩当地的一所学校见了面。罗伯恩是一个人口不足 1000 的小镇。在这个小镇里，原住民儿童面临着很大的困境。

斯坦魁梧得像熊一样，大约 60 岁，有着一种安静而富有同情心的气质。他聊了一会儿自己正在帮助的孩子，其中大多数人来见他，都是因为他们曾试图伤害自己或他人，或者是因为他们有某种成瘾问题（通常是酗酒或吸嗅汽油）。他问我是否想去看看他的诊所，然后我们沿河走了 20 分钟，穿过了一片鸟类和野生动物栖息的野地。

诊所根本不是一栋建筑。那是一小片空地，一棵古老的猴面包树傲居其中。这棵树也不算太高，大约 20 英尺[⊖]，但很粗大：至少需要 10 个成年人手拉手才能把它围起来。这个场景不仅让人感到很遥远，而且很陌生，就好像我们是第一批踏足那里的人一样。这里并不安静；相反，这里充满了笑翠鸟、苍鹭和其他鸟类的叫声。然而，这里却是我见过的最宁静的地方之一。

斯坦和我并排坐在树下，树上繁花似锦，我们待在那里，

⊖ 1 英尺 ≈ 30.48 厘米。——译者注

什么都没有说，沐浴在宁静中，我不知道我们坐了多久。过了一会儿，我发现自己想到了从未在工作中尝试过的新策略——我突然觉得神清气爽、头脑清晰，迫切地想要把头脑中浮现的新想法想清楚，这在漫长的一天行将结束的时候实属罕见。我向斯坦提到了这一点，他回答说，他正是这样治疗那些自我封闭或焦躁不安的青少年的。他只是耐心地等待，直到他们想说话为止。最终他们都会敞开心扉，虽然有些孩子可能要花上一整天。然后，两人会安静地探讨困扰这个青少年的是什么，并探讨如何让他过好自己的生活。这棵树可能已经1500多岁了，我不禁想，有多少人曾来到这里，在这棵树和其他睿智长者的平静陪伴下，找到了这种内心的平静。

好棒的诊所。好棒的一课。当孩子感到痛苦时，我们会本能地试图用理智去消除痛苦。问题是，在他过度唤醒的时候，大脑中用来理解那些善意道理的系统会停止工作。他真的没听进去你在说什么。你要做的第一件事，应该是让那些大脑系统恢复工作。每个孩子都需要这种与我们并排坐在"猴面包树"下的经历。这就是脑间联结首要的功能：给予孩子恢复能量所需的情绪安全感和保障感。达达在吃饭时离开，是为了找到一个让他感到平静、安全的地方。这就是打破压力循环的方法。只有这样，你才能开始自我调节——既要和孩子一起调节，也要调节你自己。

第二部分

五大领域

第 5 章

生理领域

吃、玩、睡

要理解自我调节的生理领域,就要永远改变你看待孩子行为的方式——还有看待你自己行为的方式!要把"自上而下"的、**管理行为**的视角,转变为自我调节的、"肩并肩"的、**理解行为**的视角。前者认为亲子关系应由父母为主导,孩子必须服从。后者的重点在于,我们不是一味地试图控制或减少"困难行为",而是要停下来思考,这些行为是不是过度唤醒或唤醒不足的表现。如果真是如此,我们就要着手识别并减轻导致这种状态的压力源。也就是说,父母与孩子之间的沟通必须是双向的,正如父母与孩子的唤醒是相互影响。马莉和小西就是一个很好的例子。

马莉和小西

马莉强忍着泪水,把她和十岁女儿小西之间的问题告诉了我。和小西讲道理实在是太难了:不管她对小西说什么,她们俩最后都会互相"尖叫",小西会怒气冲冲地离开,一生气就是好几个小时。有时,她们吵架是因为看似微不足道的小事,有时是因为更重要的事情,但不管怎样,愤怒的对抗都只会让事情变得更糟。马莉甚至有一次给小西写了一封信,解释为什么激烈的争吵会让她担心,但后来她发现信被撕成了碎片,扔在了厨房的桌子上。

让小西和她母亲忍无可忍的问题,其实是一系列亲子间的矛盾,大多是小事。"我叫她吃饭,她不来,"马莉说,"她来了也不吃饭。她不穿我给她准备的衣服。最严重的争吵总是发生在睡觉的时候,而且通常都是**无缘无故**的。"就在几天前,小西还因为怀疑马莉打扫她的房间,动了她所有的东西而大喊大叫,但马莉那天甚至都没进过小西的房间。

我问马莉,她是怎么回答的。"我告诉她我再也忍不了了。如果她再对我大喊大叫,我就要没收她的 iPad 一周。后来她再犯,我就说要没收一个月!再后来,她还是不改,我就告诉她,要把她的 iPad 退回店里!"我问马莉她第二天有没有真的拿走 iPad,她不好意思地看着我,答道:"这个嘛,她收敛多了,我就不计较了。"

问题是马莉没有说到做到吗?还是小西知道妈妈决不会说到做到,所以才不断试探妈妈的底线?空洞的威胁不能改变小西的行为。再多的催促和恳求,任何形式的奖惩似乎都不起作用,她们的关系陷入了困境。

自我调节要我们问自己的第一个问题是,这是否真的是一个纪律问题:我们面对的是**不当行为**还是**压力行为**?做这个区分绝对是至关重要的。

不当行为与压力行为

从本质上讲,**不当行为**的概念与**意愿**、**选择**和**觉察**有关。这种概念假定孩子是自愿选择这样做的:他**本**可以采取不同的行动,甚至能意识到他**应该**采取不同的行动。但是,压力行为是以生理为基础的。做出这种行为时,孩子没有刻意选择他的行为,对自己在做的事情也没有理性的觉察。他之所以大发脾气(如果不是用肢体动作,就是用语言)或者逃避(如果他的人没有逃走,也会在心理上逃走),是因为他的神经系统受到了威胁的刺激,进入了"战或逃"状态。

还有一些简单的方法来判断我们面对的是不是不当行为。问问孩子他为什么要那样做,如果他能给出任何解释,不管他的理由是什么,那他就很有可能知道自己在做什么。你也可以严肃地问他,他知不知道自己的行为是错的。我们也很容易分辨压力行为。如果你在孩子脸上看到了困惑、恐惧、愤怒或深深的痛苦,如果孩子眼神闪躲或者不敢看你,这些通常都是过度唤醒或压力行为的表现。

区分不当行为与压力行为之所以如此重要,是因为如果你对压力行为采用"胡萝卜加大棒"的行为矫正技术,就会把事情变得更糟,增加孩子的压力负荷。而且,你还错失了帮助孩子发展自我觉察能力的良机。自我觉察对自我调节是无比重要的。

运动衫事件:遏制与控制

很明显,马莉描述的是压力行为。小西对理性的请求充耳不闻,事实上,她失去了理智,以至于后来她很难记得她在激烈的对抗中说过、做过些什么。所以,马莉不应该试图让小西在那些情况下听话,而是需要降低女儿的唤醒水平,然后着手寻找情绪崩溃的原因。

我建议,下次小西开始惹麻烦时,马莉要避免用任何管教的方式去威胁她,尤其是不要和小西讲道理。我告诉她,不要试图做任何解释。我说,相反,要从自我调节的基本原理出发,做几次深呼吸,放松你的脖子和肩膀。关灯,坐在她的床边,或者躺在她身边,轻轻地抚摸她的头发、手、小臂或背部。如果你真的想说什么,就告诉她你有多爱她。第二天,等她冷静下来,你就可以把前一晚想说的话说出来了。

几天后,马莉就有机会尝试这个办法了。小西想要一件班上其他女孩都有的红色运动衫,但当马莉去商店买时,商店没有小西的尺码,于是马莉买了一件可爱的灰色运动衫。当小西放学回家时,马莉把运动衫给了她,但小西看到这件衣服时一个字都没说。几个小时后,在她准备睡觉时,她开始对马莉大喊大叫:"你怎么能给我买灰色运动衫!太丑了,我根本不会穿的。你从不按我说的做。我讨厌你!"

马莉差点儿发脾气了。但这一次,她做了几次缓慢的腹式深呼吸。这一次,马莉没有试图向小西解释她为什么买这件灰色运动衫,也没有给她讲道理,而是温和地回答说,明天再说清楚。中断了她俩之间不断升级的怒火之后,马莉离开了房间,让自己冷静下来,然后回来给小西盖好被子。马莉现在平静下来了,于是躺在小西身边,用小西喜欢的方式揉着她的背。几分钟后,小西也平静下来了。就在小西睡着之前,她拥抱了马莉,喃喃地说:"我爱你,妈妈。"第二天早上,正当马莉已经准备好说放学后她们可以去另一家商店看看,小西已穿着新买的灰色运动衫走下楼来了。

抵消边缘系统的共鸣效应

在马莉和小西第一次睡前吵架时,如果我们能让她们躺到大脑扫描机器上去,我们就能在她们的前额叶皮质和边缘系统中间的一小部分脑区里发现一些惊人的东西。这个脑区就是**前扣带回皮质**(anterior cingulate cortex),它一边(喙侧)与前额叶皮质相连,另一边(腹侧)与边缘系统相连。在我们的神经实验室里,如果我们扫描过度唤醒的儿童大脑,边缘系统的那一侧(腹侧)会亮得像圣诞树一样,而前额叶皮质那一侧(喙侧)则很不活跃。这说明边缘系统占据了主导地位,而推理、理性的前额叶皮质则对孩子的行为没什么影响。

我们在小西身上就能看到这样的现象。**在马莉的前扣带**

回皮质也能观察到完全一样的情况。发生这种现象的原因，叫**边缘系统共鸣**（limbic resonance）。当旁人的边缘系统被激活时，无论这种激活是积极的还是消极的，我们的边缘系统也会本能地做出相同的反应。这就是为什么笑声是会传染的。也正是因为如此，如果有人对我们生气地大喊，我们就想立刻吼回去——这也是我们犯路怒症或让短信争执迅速升级的原因。

边缘系统不会费心仔细分辨我们感觉到的威胁是不是来自我们挚爱的女儿，就它看来，威胁就是威胁。对马莉来说，这种边缘系统的反应引发了大量消极情绪。除了单纯的愤怒以外，她还感觉到被排斥、不被感激、不被爱。

在过去，马莉觉得不得不在争执最激烈的时候回应小西所说的话。现在她明白了，在这些时候，小西的前额叶皮质已停止工作，她清晰思考、理性说话、有意管理自身言行的能力都失去了。

通过先让自己平静下来，马莉能够抵消边缘系统共鸣的影响，让自己的前额叶皮质恢复正常，以更好的状态帮助小西。马莉打破了压制她们脑间联结的压力循环。随着小西的边缘系统平静下来，她不仅能自然入睡，还能感受并表达她对母亲深深的爱意。

随着边缘系统逐渐平静下来，社会参与能力也恢复正常了。小西非常需要马莉的安慰，而现在她终于能接受安慰了。在这种平静状态下，她的边缘系统不再受到原始消极情绪的影响，而是开始回忆起妈妈在她幼时给予她的慈爱和保护。她全身放松下来，慢慢地睡着了。

马莉意识到，她和小西的互动方式必须有所改变，尤其是小西还有几年就要进入青春期了。她知道自己过去一直在做适得其反的事情。学会如何让女儿平静下来、安然入睡不是问题的**全部解答**，但这是**解决问题的开始**。

由于生理领域是所有其他领域的核心，而理解神经系统的内部运作似乎很难，超出了大部分父母的能力，所以自我调节会帮你一步步地走过这个探索的过程，就像马莉与小西的经历一样。我们很难立刻弄清孩子的压力源是什么，它通常需要我们所说的"假设检验"——就像你在照顾新生儿时用到的试误法，以及你现在育儿时所做的自我调节"侦探"工作。

第1步：解读信号，换个角度看待行为

在那次运动衫事件之后，马莉和我聊起了事件的经过。她坦言道，当小西对她发脾气时，她很难不去大吼着反击。

马莉曾经认为，她需要一种新技术，让自己可以在那些头疼的情况下管理孩子的行为。但其实她需要的是**读懂信号，换个角度看待行为**。

小西的行为是纯粹的、未经掩饰的、右脑的痛苦表达。马莉能让小西那么快冷静下来，是因为她用右脑做出了相应的回应。通过调低灯光、轻声细语、抚摸女儿的头发，轻轻地揉搓小西的背部，马莉向小西大脑中那个能够沟通的部分传递了一条信息——这个大脑部分与负责情绪唤醒的神经系统有着直接

的联系。

马莉不仅重建了她对小西的沟通渠道，也重建了小西对她的沟通渠道。这就是为什么自我调节是"肩并肩"或"双向"的。现在，马莉的右脑能充分接收小西右脑发送的信息了："我很害怕，很难受。我不知道怎么阻止这一切。"此时马莉传达给女儿的信息是："我在这儿。我会保护你。我爱你。"

当马莉开始自我调节时，马莉所发生的变化不仅仅是认知转变——评估状况，判断出她在处理的是压力行为而非不当行为，然后相应地调整自己的教养行为；她还找到了在双方边缘系统的激烈冲突中被屏蔽的右脑信息。在刚开始的时候，你很难从孩子的行为中推断出什么东西，而只是感觉到他的痛苦。在因边缘系统的过度唤醒而被关闭的一大堆功能中，就包括了这种觉察细微体验的能力。也许这种能力真的应该被我们放在最重要的位置上。

但是，认知上的转变肯定是有的：马莉在十岁女儿身上看到的行为，让她回想起了小西还是婴儿时出现的唤醒问题。马莉解释说，在小西三周大的时候，她每天晚上六点钟都会哭闹不停，并且一闹就是两个小时以上。马莉发现，这种模式非常有规律，简直可以用来计时。小西十岁时在睡前吵架的行为，与她婴儿期的睡前哭闹十分相似。

小西的唤醒调节问题，在婴儿期就有迹象了，但到了她十岁时，人们却会认为她难以管教或表现不好。我们知道婴儿并没有选择这样做，她的行为当然不是为了控制别人。但随着孩子年龄增长，我们往往会变得不能容忍这些行为。除了疲倦之外，孩子"哭闹"的原因还有很多。这就是为什么我们要检查婴儿，确保他干爽、舒适、不饥饿、不害怕。对于像小西这样的婴儿，我们要开始考虑感官问题。在我帮助众多孩子的经历中，我发现有感官问题的儿童和青少年的数量显著增加，而这些问题很容易且经常被忽视。这些孩子并不只是对各种刺激（包括光线、声音、气味、触摸）"敏感"，他们也会被这些刺激弄得筋疲力尽。

小西在婴儿时期就对噪声、气味和表面粗糙的东西很敏感。现在，小西十岁了，每当父母想带她去餐厅吃饭，她都会提出抗议；当他们真的去餐厅吃饭时，她就会抱怨那里的噪声和气味，而且她对自己的衣服特别挑剔，对面料的触感尤其敏感。

从自我调节的角度来说，马莉有了一种读懂身体不适和敏感性信号的新方法，也有了理解小西在压力下情绪爆发的新方法。马莉要**换个角度看待**小西的行为，非常关键的一步就是认识到问题其实并不是"没来由的"。

我认识一些孩子，他们对衬衫触碰皮肤的感觉、袜子内缝的触感、吊顶风扇的嗡嗡声或时钟的滴答声过度敏感。与此相反的是，还有些孩子对明显的感官线索不敏感——敏感不足：不仅对身边的事情不敏感，对自身内部的信息也不敏感。年幼的孩子通常不会觉察到能量不足、需要打盹儿、该穿毛衣或吃饭的内部线索。但我们看到很多大孩子和青少年仍然不知道他们什么时候冷了、累了，甚至连饥饿都不知道。

马莉面临的挑战并不少见。从孩子出生起，你就开始解读他们行为中的生理线索了，但如果孩子的行为被视为"难以管教"而不是由过度唤醒导致的，我们就很容易误解这些线索。许多父母在多年后才幡然醒悟：他们的孩子在唤醒调节方面可能早早地就展现出了问题的迹象。当父母发现了理解行为的新方法，并换了个角度看待行为之后，他们才终于产生了顿悟。自我调节也为许多大孩子的父母提供了这种思维转变的机会。然而，如果你的孩子很小，那么你越早学会解读孩子的信号、改变看待行为的角度、运用自我调节的步骤来指导你做出回应，你的孩子就能越快地开始自我调节，并最终学会自我调节——在很多情况下，比你想象的要快得多。

第2步：做压力的侦探

发现压力源：寻找规律与来源

根据沃尔特·布拉德福德·坎农（Walt Bradford Cannon）在20世纪早期提出的经典定义，压力源是任何能够破坏内稳态的东西。内稳态就是有机体应对外部挑战、满足内在要求（如生长、繁殖、免疫系统需求与组织修复）所需的体内平衡。在生理领域，太热或太冷都是压力源。吵闹的噪声、明亮的光线、拥挤的人群、强烈的气味、新奇意外的视听觉刺激、某些动作，以及不能做出某些动作，也都有可能成为压力源。**在何为压力源这个问题上，每个孩子都是不同的。**

"敏感的照料"意味着要看出婴儿压力过大的迹象，并（主要通过试误）弄清怎么做能让孩子平静，怎么做会起到相反的效果。在我儿子出生时,妻子和我渴望尽一切努力来促进他的早期大脑发育。去婴儿用品商店时,我们花了一个小时仔细看各种不同的挂件玩具,最后选了其中一款。根据包装上的说法,这款玩具是"由神经科学家设计的,可以最大限度地刺激宝宝的大脑"。这件玩具有各种各样的几何形状,还有一个电池驱动的马达,能让这些形状在婴儿床上慢慢旋转。

我们刚刚装上玩具,我儿子就明确表示讨厌它。他翻身侧躺,把脸埋进了床边的围栏!我们一心想要"刺激他正在萌芽的大脑连接",把他翻了过来。这次,他的反应是紧闭双眼。于是我们回到了商店,这次带回来一件更精致的挂件玩具。这件玩具将声音、动作和光结合在了一起,并且可以设置不同的旋转速度,以便你找到"最适合宝宝大脑"的速度。

这一次,我们只成功地引起了我们那可怜儿子抗议的嚎叫。他显然觉得所有这些刺激让他受不了了。谢天谢地,我们放弃了。我们把挂件玩具塞进了柜子里,转而使用了历史悠久的(我怀疑甚至有些老掉牙的)做鬼脸的技术,来吸引儿子的注意。这招儿很管用。

三年后我们的女儿出生时,那两件玩具被塞在玩具柜里,积满了灰尘。出于我内心的科学家精神,我决定看看她的反应是否会和我们的儿子一样。她对着那些玩具乐不可支,她喜欢不同的颜色和声音,看了一会儿,就心满意足地安静下来了。一个孩子的压力源,竟然对另一个孩子有安抚的作用。

如果我们发现孩子的行为让我们感到困扰甚至恼怒,那我们就需要问一问:导致这种行为的压力来自哪里?就我们买挂件玩具这件事来说，我们儿子的反应让我们很容易发现压力源。在马莉和小西的案例中，小西感到沮丧，看似只是因为害怕其他孩子会取笑她穿了一件灰色运动衫。但如果这是唯一的原因，那为什么她在第二天早上会开心地穿着这件衣服下楼呢？

　　自我调节的思路让我们回想起了马莉最初的观察：小西几乎每天晚上都会心烦意乱，而且经常没有明确的理由。这表明她在一天中过度唤醒了，在这种状态下，她会发现或执着于某种特定的压力源。但更深层的问题是，她为什么会过度唤醒。这很可能是因为她在学校承受的情绪和社交压力，但当我们自我调节时，我们始终要考虑所有五大领域，首先要考虑的是生理领域。

　　要弄清这个问题，你无须成为神经科学家，但需要会一点"压力侦探"的本领。如果你正处于管教孩子的状态下，那你就已经认定孩子是在自我放纵，或者故意不听话，并且认为你需要发号施令。你已经清晰地表明，你不会容忍这种不当行为，并且还要训斥孩子。但是，如果你怀疑自己面对的是孩子的压力行为，你就需要冷静和思考。你要弄清压力可能是什么。要做到这一点，你可以从这两件事做起：①不要让自己变成压力源；②寻找孩子的行为规律。

　　你是否注意到，孩子通常会在做了某些事情后变得焦躁不安，比如玩电子游戏或者暴食甜品？在社交活动或上体操课后，孩子回到家里时是高兴还是焦躁？孩子是否会千方百计地找借口不去社交或上体操课？和某个朋友相处会让他快乐还是不快乐？精力充沛还是无精打采？甚至连说话这件事也需要考虑：说话会让孩子更平静还是更焦躁？

小西最严重的情绪崩溃发生在睡前，这表明她白天积累了很多压力。这也可能是她缺乏某些神经激素的迹象——这些激素有助于将大脑从亢奋下调至困倦。现在马莉可以开始思考，小西夜间情绪崩溃的那些日子是否有什么异样，然后反过来思考她没有崩溃的那些日子有什么不同。马莉也要思考她自身反应中可能存在的模式。是不是有几天，或有几次，她对小西的行为更没耐心、更容易发火，或者更敏感了？

生理领域事关大脑和身体的能量，所以你要检查最基本的能量来源与能量恢复的途径。如果能量过低、恢复不及，那就是一种生理压力源。孩子自我调节的能力，首先依赖于他用于调节唤醒状态、满足一天需求的能量——所有五大领域都需要消耗能量。在生理方面，最基本的考虑包括：

- 睡眠
- 营养与饮食习惯
- 活动与运动
- 身体觉察
- 健康状态或特殊考虑

这些生理因素是帮助孩子自我调节的能量、抗逆力和潜在减压因素的重要来源。因此，如果孩子在上述任何方面有所匮乏，这些因素也会成为关键的弱点。

下丘脑不仅会对吓人的事物做出反应，也会对疲劳做出反应。当后者发生时，孩子很快就会陷入不断重复的压力上升循环，导致所有五大领域的反应——也就是全身心的反应。很明显，从婴儿时期起，睡眠就对小西的行为产生了显著的影响。她睡得越少，对一天中的每件小事就越没耐心。她睡得越多，她就越平静，越有抗逆力。在十岁时也是如此。不管什么事情让小西发脾气，在她情绪崩溃的那些晚上，她都会少睡两三个小时。这种睡眠不足会让她在第二天更疲惫、更脆弱。连续几个这样的晚上下来，她就很容易陷入睡眠不足、过度唤醒的恶性循环。一旦如此，这种循环就很难打破。

此外，还有一个高质量睡眠，或"恢复性睡眠"的问题。就像梅梅——那个"小酒馆里的婴儿"一样，对孩子来说，在睡觉时保持低压力状态与保证睡眠时间一样重要。睡前暴露在光线下，尤其是蓝光谱的光线，会干扰促进放松状态的神经激素的分泌。就像当今的许多父母一样，马莉总是允许小西玩iPad，一直玩到熄灯的时候。她错误地认为这样能帮助小西放松和睡眠。

第 3 步：减轻压力

"减轻压力"可能看起来很简单。如果孩子对噪声敏感，那你就"降低音量"。在家里和你能控制的环境中，你也许可以这么做。但是，在学校之类的地方，要控制声音和其他压力水平就不那么容易了。就感官压力而言，噪声是学校的一个大问题。在教室、食堂、体育馆和走廊里，噪声的音量和回响实在是太大了。对于一个对噪声敏感的孩子来说，这种环境会让神经系统筋疲力尽，影响他的注意力、行为和情绪。拥挤的公共场所（从操场到商场和餐厅）可能带来同样的挑战。对我们大多数人来说，回避噪声不是一个现实的选择。

在学校里，有些技术手段能帮助孩子管理感官的敏感性，包括耳塞、静音耳机，或者用编钟声和悦耳的铃音代替响亮的钟声和机械铃声。如果一个孩子对坚硬的物体表面敏感，或者需要大量活动才能平静下来，那给他换一种椅子可能会有明显的效果。在学校和家里，布置一个在视觉上不那么"繁杂"或杂乱的环境，可以有效降低视觉刺激。在某种程度上，你也可以在选择餐厅或去其他地方时考虑孩子的感官敏感性。

还有一种方法可以显著减轻孩子的压力。孩子对单一压力源的敏感性是可变的，会极大地受其整体压力水平的影响。降低这种**核心压力水平**，能减少孩子的整体能量消耗，增加应对单一压力源的能量储备。例如，当小西休息得很好时，她就能很好地处理不适与挫折；当筋疲力尽时，她就会觉得不堪重负。事实上，如果前一周还能愉快接受的事物，此时却让孩子无法忍受，那我们往往会认为他变化无常、行为不当，但真正发生改变的是孩子的核心压力水平。

第 4 步：思考如何发展自我觉察

自我调节的目标是帮助孩子学会识别低能量和高紧张状态，并且知道如何应对。要做到这一点，孩子必须意识到自己是处于过度唤醒还是唤醒不足状态,但这只有在他们知道平静是什么感觉的情况下才有可能。问题是,如果孩子只知道"过度唤醒",那这就是他的常态。不幸的是,如果孩子习惯于亢奋,他们就会拒绝做任何能帮助他们学会平静的正念练习。所以我们必须确保他们喜欢平静的体验。**保持平静**和**喜欢平静**是一体两面的。当马莉走到大厅里做深呼吸的时候,她说那感觉就像大脑中的"某个开关被打开了"。确实,她的感觉是由一个微小的变化引起大脑活动全面改变所带来的。神经科学家将这种现象称为"非线型转变"。在这种情况下,这种非线性转变让马莉的内侧前额叶皮质的活动发生了转变,神经活动从其顶部("背侧")转移到了底部("腹侧")。前者是在我们反刍式思索或进行内心独白时发生的大脑活动,而后者是在我们意识到自己内心或周遭发生的事情时的大脑活动。研究表明,这种简单的深呼吸练习可以改变大脑活动,将反刍式思维神经网络活动,转变为意识范围更广的、觉察内外部环境的神经网络活动。

我们越是练习"充分活在此时此地",就越容易做出这种从背内侧前额叶皮质到腹内侧前额叶皮质的转变。这就好比这两个系统之间的神经化学通路变得更加稳固了,因此我们更容易有意识地"打开开关"。当然,在我们告诉孩子"冷静下来"的时候,我们想要的正是这个效果。但在孩子能真正做到这一点之前,还需要很多练习。对于那些基础唤醒水平就是过度唤醒的孩子来说,父母的告诫几乎没有任何积极作用。

我们提出了一个五步法来帮助孩子喜欢并掌握正念技巧:

1. 解释你所做的事情能够如何促进自我调节。
2. 确保孩子舒适。
3. 帮助孩子专注于他正在做的事情。
4. 帮助孩子意识到，他所做的这件事和他的身心变化之间的关系。
5. 从小事做起，养成每天练习的习惯。

假设你想让孩子做呼吸练习。请根据孩子的年龄和注意力调整你的讲话方式，首先给他讲从鼻子到肺部之间的通道，告诉他肺部下方有一块大肌肉，负责控制吸入新鲜空气、排出不新鲜的空气，肺部周围有肋骨保护，肋骨能随着每次呼吸扩张和收缩。再解释一下，当我们吸气时，空气能给我们一股能量，让我们更加清醒；当我们呼气时，能产生一种让人平静的效果。

请确保孩子舒适。为了让孩子感受呼吸，我们经常需要在呼吸练习中支撑孩子的背部。最好让他仰卧在地板上，或者在椅子上坐直——不过要很放松。

然后，帮助孩子把注意力集中在呼吸上：问问他在吸气时能否感觉到鼻子里的凉气，呼气时能否感到嘴里的暖气，能否感觉到肺部或肚子像气球一样被充满。

接下来，请帮助孩子意识到专注于呼吸对他心理的影响。也许他在担心某件事。引导他做完呼吸练习，帮助他把注意力集中在吸气和呼气上，呼吸十次左右，然后问他担忧是否减轻了，甚至是否停止了。担忧是否又回来了？让他把注意力重新放回呼吸上，看看能否中断他的忧虑，最终减轻并消除忧虑。

最后，你可能需要设置一个定时器，比如一开始设置几分钟，然后逐渐延长。

自我觉察是孩子自我调节能力的核心。如果孩子没有觉察到他的感受，就无法做任何事情来改善感受。我们也是一样，但为人父母的压力有时会促使我们做一些适得其反的事情。

当我家的孩子还小的时候，我们经常带他们去离家半小时车程的一个小城市里的"儿童主题"披萨店，但这种外出总是以"灾难"告终。有时候，问题从孩子一上车就开始了，他们两人会因为一些鸡毛蒜皮的事情吵起来。有时，他们会在外出结束后情绪崩溃，两个孩子瞬间从过度兴奋状态变得让人头疼不已。

"快乐"与"过度唤醒"之间的区别，和"难以管教"与"过度唤醒"之间的区别一样重要。我家的孩子已经习惯了安静的乡村生活，他们一走进一家餐厅，就会像其他孩子一样亢奋。接下来，要让他们吃下自己的披萨，离开混乱的游戏区，都是一番挣扎。回家的路程总是很痛苦。我妻子最终决定彻底取消这些外出活动，但她后来对我说的话让我意识到了第 4 步中最容易被忽视的一个方面。

她告诉我，她很讨厌那些外出活动。当我问她原因时，她立即开始大倒苦水。她讨厌那个地方的一切：噪声和喧嚣、不舒服的桌椅、刺眼的灯光、强烈的气味，但最让她讨厌的是这些对我们孩子造成的影响。她一到那儿就想离开，但她还是鼓起勇气，尽可能耐心地等待。我问她，如果她觉得在餐厅的整个过程都是一种折磨，那她为什么要忍受这一切，她看上去很困惑。最后她答道："这个嘛，你知道的，因为孩子们玩得很开心。"但是，如果他们玩得那么开心，那为什么这些外出活动总会以家人的争吵告终呢？

  记住家庭活动**对我们所有人**的益处是很重要的。在你居住的地方，有各种各样的机会能让你平静下来，做一做恢复精力的户外活动。你可以带着毯子和飞盘去公园玩，也可以在森林散步，收集花朵和树叶，也可以带着水桶和铲子前往海滩。事实上，你在家里就有各种机会。我们不去披萨店之后，妻子安排了"周日披萨之夜"。每周我们四个人都会从零开始做披萨。但真正有趣的是，我们要做四张不同的披萨，而不是只做一张，这样我们每个人都可以设计自己的披萨。这个活动变成了某种竞赛，因为我们每周都要尝试，品尝彼此的作品，然后全家投票选出那一周的"冠军"。这个活动很有趣，也很美味，让我们四个都很平静——而且吃饱喝足了！

  这里真正的经验是，父母需要意识到，什么活动会让他们进入精力不足、紧张加剧的状态，正如弄清是什么原因导致孩子的这种情况一样。你需要知道，就像你的孩子一样，当你处于低能量、高紧张的状态时，比在平静、放松时更有可能因为孩子的言行而爆发。

第 5 步：弄清让孩子平静的事物

  你在自我调节中应该了解到的最重要区别之一，就是"安

"静"和"平静"之间的区别，这也是你的孩子将会学到的东西。许多父母向我们咨询如何在坐飞机或坐车时让孩子保持平静，但他们真正想要的是让孩子保持**安静**。

电子游戏显然能让孩子**安静**下来：孩子在玩游戏的时候通常坐着不动，也不会说太多话。但是没有人会误以为这些游戏有助于保持平静：只要看看你关掉游戏时孩子的反应就知道了。仅仅抑制过度唤醒或冲动，而对促进平静没什么作用的药物也是如此（这种药只能让与孩子互动的成年人不用受孩子行为的困扰）。

平静与沉迷于电影或电子游戏是完全不同的状态。当孩子平静时，他是放松的，**能够意识到内心和身边发生的事情**，享受他所处的状态。身体、认知与情绪——这三个方面，是"平静"的重要特征。对于你和你的孩子来说，这可能是自我调节"侦探"工作中最具挑战性，但也最愉快的部分。至于一个孩子觉得什么东西能让他平静，并没有适用于所有人的答案。需要注意的是，简单地命令孩子"冷静下来"很少能起到这种作用，不过如果你足够严厉，孩子肯定会安静下来。在这种时候，如果你能用大脑实验室的成像技术来观察孩子的大脑内部，你就会看到某些非同一般的东西。孩子可以安静地保持沉默，但同时他的边缘系统、额叶、顶叶、丘脑和其他神经网络却有大量的活动——当我们心神不宁时，这些神经网络就是活跃的。当孩子平静的时候，这些系统是不活跃的。更重要的是，这两种状态的脑电波有着显著差异：一个孩子可以很安静，但有着强烈的 β 波——这是唤醒的表现；当孩子平静时，

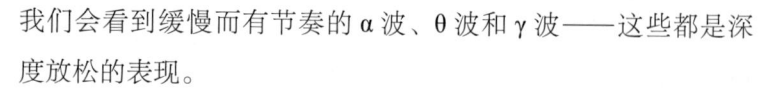

我们会看到缓慢而有节奏的 α 波、θ 波和 γ 波——这些都是深度放松的表现。

能让你放松的东西可能并不适合你的孩子。小西和她妈妈的自我调节之旅再次给她们带来了有益的领悟。长期以来，马莉一直在坚持练习瑜伽。她告诉我，她一周中最喜欢的时刻就是周日早上的艾扬格瑜伽课。所以，还有什么比带小西和她一起做瑜伽更简单的办法呢？尤其是在傍晚时分，在小西刚刚开始焦躁的时候做就更好了。我们发现，在许多情况下，瑜伽对孩子来说都是有效的。但是小西讨厌瑜伽。她不喜欢所有那些可以减压的姿势，她的不安变得更严重了。

一些常见的减压方法几乎没什么用，比如减压玩具。但解决这个问题的人是小西，她现在也是一名高超的"压力侦探"了。小西发现做首饰盒对她有用。她可以一连好几个小时全神贯注，之后总能很平静，做好睡觉的准备。但是，重要的是要记住，这是自我调节五个步骤中的第 5 步。至关重要的是，小西首先要知道平静是什么**感觉**，而不仅仅是知道这个词的意思，这样才能把平静作为一种自我调节的策略。

我们发现的最有趣的事情之一是，这五个步骤适合所有年龄的孩子。在自我调节问题上挣扎了一段时间的青少年，可能比更年幼的孩子需要更多的尝试，才能找到有效的正念技术。他们可能想要更详细地了解自我调节起作用的方式，以及自我调节的方法。但无论孩子的年龄如何，无论采用哪种形式的练习，你都需要完成这五个步骤。

第 6 章

情绪领域

阁楼里的怪物

许多父母在谈论孩子大起大落的情绪时，都用过相同的词语："费解""刺激""困难""令人沮丧""不可思议""奇怪"，以及最严重的是"可怕"。

我们究竟为什么会觉得孩子的情绪如此可怕？家长再次说了一大堆熟悉的话："我家的十岁孩子表现得就像两岁一样""我的孩子不知为什么就心烦意乱了，她也说不清""孩子的愤怒或沮丧让我们都招架不住"。接下来，父母就会这样谈起儿子或女儿："他（她）兴奋起来就根本不能平静下来""似乎对什么都不感兴趣""总是不开心""就像弹球游戏机一样，总是从一种情绪弹到另一种情绪"，或者"没有他（她）该有的感受"。正如一位疲惫的家长所说："我的孩子的情绪爆发似乎毫无来由。"

　　这种困惑是可以理解的。通常来说，如果孩子在情绪上遇到了困难，你会知道的——他们会表现出来，但有时候你却丝毫没有发现端倪。即使你意识到了孩子的困难，但知道该怎么处理则是另外一回事了。

　　父母最常采用的做法，是和孩子谈论这个问题：让他们"敞开心扉"，向他们解释生气只会让事情变得更糟，或者试着增强他们的自我价值感和自信。当孩子难过时，父母的第一个冲动是用理性的、解决问题的方法去正面处理这种情况。不幸的是，对于一个被强烈情绪压垮的孩子来说，理性丝毫没有帮助，要求他控制自己的情绪，只会徒增他的压力。此外，当孩子处于令他们害怕的、非常主观的体验中时，孩子很难做到"用自己的话把问题说出来"。

　　当然，帮助孩子说出他们的担忧和其他感受是很重要的。但这对孩子来说总是很难，而在他们过度唤醒的时候，这几乎不可能做到。当这种情况发生时，他们的情绪往往会混杂在一起，所以他们的感受不是单一的，比如愤怒，而是愤怒、害怕、羞愧与兴奋。我们需要帮助他们厘清所有不同的情绪（这个过程叫**情绪分化**）。是的，我们需要帮助他们深化和拓宽他们所体验到的情绪。我们需要帮助他们意识到并表达自己的感受。有一些很好的方法能够培养这些"情绪素养"或"情绪智力"的关键方面。但我们必须小心，不要把孩子的情绪发展纯粹视为左脑的现象——某种我们可以教授或解释的东西，或者某种孩子可以通过读励志书或看励志电影来提高的东西。孩子必须通过感受才能获得情绪上的成长。而且**感受**比某种主观的情绪要复杂得多，它是一种包含了身体和心灵的切身体验。

由情绪（紧张、不安、疼痛和情绪引起的其他身体感觉）以及随之而来的记忆与联想所引发的神经化学物质的激增，是塑造孩子情绪体验与行为的推动力量。紧张、不安、疼痛和其他身体感觉是如何引发情绪的也很重要（情绪同样也是记忆与联想的结果）。身体体验与情绪体验之间的联系是不可分割的：在我们着手培养孩子的"情绪素养"或"情绪智力"之前，这就是我们的切入点。自我调节就建立在生理与情绪因素的交叉点——身体与情绪的联结之上。

情绪：人类心灵的这些神秘元素是什么

2500年来，哲学家一直在讨论情绪是什么，而他们仍然无法在基本问题上达成一致。即使科学家、心理学家和精神病学家都加入了这个探寻的过程，但也没有单一的解释能在你处理哭泣、生闷气、烦躁、发脾气的孩子时，大大地简化你要做的事情。无论我们如何界定情绪，情绪对身体都有着强大的影响，身体对情绪也是。一般而言，积极情绪能增加能量，消极情绪能消耗能量。有一些身体和情绪的循环在发挥作用。如果孩子休息得很好，他们就更有可能体验到积极的情绪；当他们筋疲力尽时，就更容易受到消极情绪的影响。快乐、充满兴趣、乐观的孩子更容易应对学业或社交的挑战。害怕、生气或悲伤的孩子会难以甚至无法在一天中面对社交、学业甚至身体方面的挑战。

"积极倾向"能让孩子拥有更大的情绪成长潜能，并提高他们的下列能力：

- 调节（上调或下调）强烈情绪的能力，既包括积极情绪，也包括消极情绪（兴奋与恐惧或愤怒）；
- 从失败、失望、挑战、尴尬和其他困境中恢复过来，自信而积极地前行的能力；
- 为自己的努力和成就感到自豪，并欣赏他人努力和成就的能力；
- 与父母拥有共同的体验与情绪理解，从而感到与父母更加亲近的能力。

但是，其中涉及的不仅仅是拥有处理情绪、认知和社交问题的能量。孩子需要积极的情绪才能探索更有挑战性的情绪和情绪场合。孩子一开始的积极情绪相当有限（好奇、感兴趣、快乐），但这个基础可以让他发展出更复杂的情绪：变得更有志向，更自信、开朗、果断、诚实和富有同情心。消极情绪则会产生相反的效果：它们会消耗发展新情绪所需要的能量。消极情绪也会"成长"：一开始的长期恐惧或悲伤，很快就会变成疏远、尴尬、愤愤不平、愤世嫉俗、灰心丧气或被排斥感。

"消极倾向"让孩子难以从情绪波动中恢复过来，难以处理沮丧或挫折，难以维持温暖的人际关系。拥有积极倾向的孩子更愿意接受塑造品格的挑战与风险，而有消极倾向的孩子更喜欢让人麻木的活动或消遣。积极倾向能让孩子充分感受他所有的情绪，消极倾向则会让孩子压抑自己的情绪——且压抑的不仅仅是消极情绪。积极倾向能让孩子接触新的情绪体验，甚至是"可怕的"情绪体验，而消极倾向则不让孩子接触新的情绪体验——尤其是那些可怕的情绪。被排除的情绪体验可能包括一些令人心生畏惧的情绪冒险，比如友谊、爱，以及任何形式的情感亲密。

积极倾向和消极倾向之间的差异也有助于解释棉花糖任务。消极情绪屏蔽了那些能够帮助孩子处理实验任务的积极情绪：对自己有能力实现延迟满足的信心。很多时候，"他脑子里的那个小声音"——也就是他的边缘系统会告诉他，他没有能力抵制棉花糖的诱惑，所以他为什么要努力。

自我调节能让孩子变消极为积极。可能有很强的生理因素让孩子偏向于消极倾向，但自我调节能让我们认识并改善相关的压力；在处理消极状态时，用补充能量的策略来代替消耗能量的策略；最重要的是，帮助我们的孩子成为做出这种改变的主体。

情绪调节的二重奏：共鸣与不和谐

情绪调节从婴儿出生时就开始了，不过科学并不完全清楚婴儿"真正的"情绪是从什么时候开始出现的。很多父母信誓旦旦地说，他们能分辨三周大的孩子什么时候是快乐的，但就科学的证据而言，我们唯一能确定的是，在婴儿出生后的几个月里，婴儿会在两种基本状态之间转换：痛苦与满足。

在 3～6 个月大的时候，孩子开始拥有所谓真正的情绪。此时他们会用各种方式向我们表现他们的感受：用微笑来明确表达快乐或其他积极情绪，用不同的哭泣来表达不同的消极情绪。一开始，他们会感觉到恐惧、快乐、愤怒、感兴趣、好奇、惊讶和悲伤。但他们无法控制这些情绪，因此心理学家将这些最初的情绪视为反射，受遗传自某个遥远祖先的基因的控制，因为这些情绪在我们人类的存续中发挥了重要作用。

"恐惧反射"发展出了触发行为的作用，能让照料者赶紧行动起来。快乐则会巩固婴儿与照料者之间的联结。愤怒会告诉父母，他们最好照顾好孩子的需求——立刻行动起来。好奇心会让婴儿专心地听着父母说的话，或看着父母做的事，促使他探索周围的环境——从端详父母的脸开始。惊喜情绪是促使父母玩躲猫猫的一大动力，这个游戏在整合婴儿大脑不同部分方面有着各种奇妙的益处。

这种演化的视角是很有用的，但有时会把我们引入歧途。因为将"基本情绪"视为反射会导致一些问题，其中之一就是，这样可能会让我们混淆**调节**与**控制**。如果这些情绪只是反射，那你就无法改变它们，就像你无法改变有东西进入你的眼睛时让你眨眼的反射一样。唯一不眨眼的方式就是用上纯粹的意志；如果情绪只是反射，那同样的道理也一定适用：如果孩子有"情绪控制"的问题，那一定是因为他没有付出足够的努力。但是，有情绪问题的孩子并不缺乏努力；更多的时候，他们为控制自己的某些情绪付出了太多的努力。

重要的是，这些反射是如何与影响情绪调节发展的情绪体验联系在一起的。大自然对情绪调节的设计，在婴儿时期就体现得很明显，"控制"与情绪调节毫无关系。父母不会通过强行控制，或跟婴儿**谈论**他的感受（受惊吓、饥饿或压力过大时产生的恐惧和愤怒）来安慰婴儿。相反，他们会通过安抚，通过用面部表情和放松的身体表示没什么好害怕的，来减少孩子的恐惧。其他时候，他们会用闪闪发光的眼睛、生动的面部表情、声音和笑声来增加孩子的快乐或好奇心。这就是"右脑对右脑"的交流，对婴儿发展调节自身情绪的能力至关重要。

  婴儿对这一切可能没有意识，但他们富有直觉的右脑对父母的面部表情、姿势和动作所表达出来的情绪高度敏感，并且会通过脑间联结的双向直觉通道与父母进行交流。通过对孩子的情绪做出反应，你是在帮助他塑造身体与情绪的联结。当孩子大发脾气的时候，有些父母很难保持平静。他们会紧张，可能会逃避互动——即使人没有离开，也可能会在情感上缺位。年幼的孩子（甚至婴儿）可能会开始把父母的反应（对他来说，这种反应可能有些可怕）与自己的愤怒行为联系在一起。因此，当他感到愤怒时，他就会变得紧张，并试图压抑愤怒。如果父母为孩子的活泼而高兴，并以同样的方式回应他，并笑着拍手，那这个孩子就会将父母的快乐与自己的情绪联系在一起。这种联系是令人愉快的，能让人充满活力。

  在所有这些交流中，情绪与身体感觉是紧密相连的。这就是为什么积极情绪在某些孩子身上非常微弱，或者消极情绪如此强烈的原因之一。例如，孩子的活跃可能会让一些父母感到不适，如果父母紧张起来，试图约束孩子，那孩子的右脑就会

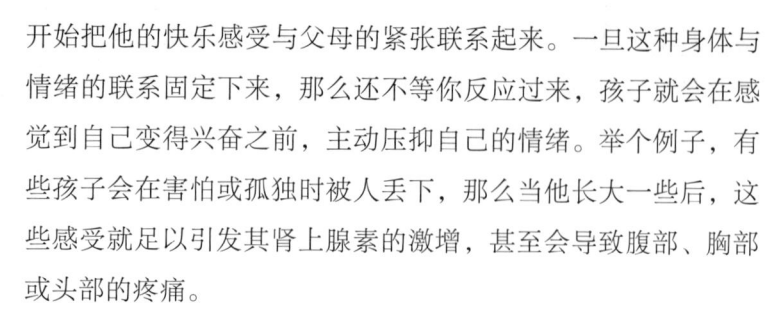

开始把他的快乐感受与父母的紧张联系起来。一旦这种身体与情绪的联系固定下来，那么还不等你反应过来，孩子就会在感觉到自己变得兴奋之前，主动压抑自己的情绪。举个例子，有些孩子会在害怕或孤独时被人丢下，那么当他长大一些后，这些感受就足以引发其肾上腺素的激增，甚至会导致腹部、胸部或头部的疼痛。

孩子也会形成方向相反的联系：身体感觉会与某些特定的情绪联系在一起。例如，如果婴儿饿了，而他的哭声没有被人注意到，他的肌肉就会紧张，这种紧张会与不适的感觉联系起来，而他也会感到一种明显的愤怒。如果照料者对这种愤怒的早期迹象做出的反应是斥责孩子，或者冷淡地退缩，那么孩子的身体感觉和新生的愤怒感受就可能进一步与绝望感联系在一起。随着孩子的年龄增长，相同的身体感觉（比如肚子疼）就能够引发愤怒或绝望的感受，让父母困惑不已，完全不知道根深蒂固的身体－情绪联系可能是罪魁祸首，还百思不得其解："为什么会突然发生这种改变？"因为就在刚才，孩子还显得那么快乐。

我们对孩子情绪做出反应的方式，可以减轻或强化他们形成的这种联系。不同的婴儿在调节这些过程中所需的能量差异很大。有一件事现在已经很清楚了，那就是安抚某些婴儿（或者要让某些婴儿活跃起来）要比安抚另一些婴儿容易得多。这里涉及了各种各样的因素：基因、环境、病毒或腹绞痛的影响。但无论孩子的先天素质如何，对于任何年龄的孩子，重点都是一样的：孩子的积极情绪会"给油箱加满油"，以应对生活的起起伏伏，而你分享的快乐也会增添孩子的快乐。消极情绪会消耗能量，所以当你减轻孩子的消极情绪时（不是忽视或轻视情绪，而是帮助孩子走出情绪），你就大大减轻了他的神经系统的负担。

情绪调节的三个"R"

"情绪调节"的标准定义是"监控、评估和调整自己的情绪"。换句话说，孩子需要意识到他们的情绪强度，例如什么时候过度焦虑或愤怒了；需要考虑他们的情绪是否与当时的情况相适应，如果不相适应，则需要能够让自己平静下来。每当我把这个定义读给父母听，并问他们孩子在这些任务上表现如何的时候，他们都会哄堂大笑。这些技能正是我们都希望孩子拥有的，但我们也发现，我们很难把这些教给他们。

我曾经听过一位心理健康专家的演讲，她所工作的学校里有许多孩子都有"外化"和"内化"障碍——品行或情绪问题。她会用一个简化的"情绪词汇表"来帮助孩子识别自己的感受。老师会在一天的不同时间让学生停下手头的事情，让他们指出此时自己处于这张图表中的什么位置。这样做的理念是，通过提示孩子去感受自己的情绪，孩子自然会更清晰地觉察自己何时在焦虑或生气，然后就能运用策略让自己平静下来（比如深呼吸，再数到十）。

她的方法就像许多应用广泛的社会情绪学习项目和技术一样，专注于情绪智力与读写能力。但这种方法也有着同样的局限性。很多时候，一个难以调节自身情绪的孩子所面临的挑战是，他不知道（甚至可能否认）自己感到了焦虑或愤怒。强迫他去识别情绪是没有用的。对孩子来说，这种策略很容易变成过度侵扰，带来压力，并可能产生一种权力关系模式，破坏师生关系。

最重要的是，在孩子生气或心烦意乱的时候，孩子处于过度唤醒状态，会分泌许多肾上腺素，因此这时候左脑的语言、分析、反思等过程可能都已不再运作了。也就是说，孩子越是被情绪淹没，他监控、评估和调整自身情绪的能力就越弱。孩子需要做的第一件事就是恢复平静，这也是父母（或老师）的首要任务。要帮助孩子平静下来，而不要试图强迫他去监控、评估和调整他的感受。

在相当长的一段时间内，孩子都需要我们才能完成这种调节功能。在他们年幼的时候，他们经常需要我们这样做。他们的情绪反应很突然，这对他们来说就像一场灾难（要么没有情绪，要么情绪激动）。但即使他们已经步入青春期，或者已经成年，他们依然会在情绪难以控制时向我们寻求帮助。当父母似乎无法帮助孩子平静下来或振作起来的时候，父母自然会觉得害怕、困惑、困难或沮丧。孩子过于激动或愤怒，你说什么或做什么似乎都无济于事。会发生这种情况，并不是因为孩子的"刹车机制"有缺陷，也肯定不是因为他"不够努力"，而是因为他的唤醒水平太高了，以至于无法意识到自己或我们在说什么、做什么。

再怎么劝孩子冷静下来也不会有效果。在试图"教育"之前，你需要先安抚。在我们帮助孩子学会如何监控、评估和调整自己的情绪之前，我们需要关注情绪调节的三个"R"：**识别**（recognize）、**减轻**（reduce）、**恢复**（restore）。识别压力升级的迹象，减轻压力，恢复能量。

情绪并非"全是大脑的事情"

身体与情绪的联结

能量恢复与成长的过程不仅与我们的情绪功能有关，也和我们的生理功能有关。事实上，生理与情绪领域的恢复与成长是交织在一起的，通常很难将两者区分开来。一个睡眠不足、营养不良、缺乏体育锻炼的孩子无法获得维持健康、稳定情绪功能所需的能量。从另一角度来看，处于长期或极端情绪痛苦中的孩子会耗尽大脑和身体维持整体健康功能所需的能量，有时情绪上的耗竭会对身体健康造成损害。

小西的卧室改造——身体与情绪的联结引发的崩溃

在我们开始合作后不久，马莉就告诉了我她面临的最新的挑战：小西的"卧室改造危机"。一连几天，小西每天下午都要重新布置她房间里的家具，但到了晚上，她都因为不满意新的布置而泪水涟涟。马莉真的很担心这种情况会变成严重的强迫症。马莉说什么做什么似乎都无济于事。事实上，无论她说什么、做什么，都只会让事情变得更糟。

小西的痛苦似乎不仅仅源于她对装饰那易变的感觉，不过没有任何行为模式表明她有强迫症这样极端的问题。其他的压力源可能是什么？与姐姐的竞争是她情绪生活中的一个显著特征。作为妹妹，小西的卧室较小，这是她经常抱怨的事情。与此同时，她还必须比姐姐早一个小时上床睡觉。她对于自己被排除在她上床后一家人的"所有乐趣"之外深感不满。小西觉得在家里做最小的孩子很难，但这并不是什么新鲜事。所以她为什么会突然情绪爆发？**为什么是现在？**

自我调节始终始于生理领域。当我问马莉有关小西的睡眠、饮食、体育活动和总体健康状况时，她马上意识到了其他压力源。最明显的是，小西刚刚从一场严重的流感中恢复过来。事实上，在所有这些事情发生前，有四个晚上，小西一直在呕吐。也就是说，在危机爆发前，她的身体处于能量极度耗竭的状态。她还缺了课，所以家庭作业的进度落后了，她也有一阵子没有和朋友来往，感觉和他们不同步了。

这里的要点很简单，那就是我们必须始终牢记身体与情绪的联结：生理领域与情绪领域之间最基本、最重要的联系。小西的情绪压力显然是一个重要因素，但不是唯一的因素。无论是情绪压力还是能量耗竭导致了小西的崩溃，从本质上讲，她都陷入了一个压力循环。在这个压力循环中，身体和情绪上的压力在相互作用、相互强化。在这种情况下，紧张的感受加剧了焦虑（反之亦然），从而又加剧了紧张，并进一步加剧了焦虑，如此循环下去。很快她的整个系统就失控了。

当孩子被可怕的情绪压垮时，他的唤醒水平就会飙升。自我调节能为你与孩子重建联结铺平道路。首先自我调节会降低孩子的唤醒水平，从缓解身体紧张开始，这就像是你在孩子婴儿期时所做的那样。他的生理唤醒水平越是降低，他的情绪唤醒水平也会越低，这就打破了生理与情绪唤醒互相强化的恶性循环。只有当孩子的整体唤醒水平降低，他才能开始理解你迫切想要告诉他的事情。

小西的出生顺序、卧室以及就寝时间都不会改变，但向她解释这些生活的现实不能帮助她平静下来、进入梦乡。此时马莉需要做的是完全忽略情绪问题，专注于身体问题。

由于之前的运动衫事件的成功，以及她对小西的压力源的新认识，马莉用温柔的拥抱和轻柔的按摩来回应小西对于卧室改造的崩溃情绪。没有谈话，没有分析，只有头部、肩膀和背部的按摩，只花了 15 分钟。对于这件事情，我觉得最有意义的一点是，在接下来的几个晚上，小西主动问马莉能否给她按摩。几天后，她们俩最终还是讨论了小西的卧室，结果发现，这个问题并没有马莉担心的那么严重，也不像小西在又累又病时感觉的那么严重。

一开始，马莉帮助小西学习如何不把注意力放在情绪上，而是更多地觉察她身体上的感觉。这帮助了小西学会认识到自己何时过度紧张，以及如何减少紧张——认识到自己何时与身体失去联结，以及如何重建联结。在按摩开始时，马莉会问小西，她是否感到手臂很僵硬，就像生的意大利面一样。然后，几分钟后，马莉会问手臂有没有开始感觉放松，就像煮熟的面条一样。这很快就变成了她俩之间的一种游戏。小西会在紧张的时候告诉妈妈，她的手臂像"生意大利面"。她们一起做自我调节，这给了小西一种帮助自己的方法，一种调节身体与情绪的联结的方法。通过这种简单的自我调节技能，她能够触及自己的情绪了。

如果你先安抚孩子，自我调节的三个"R"（识别、减轻、恢复）就会自然地出现，就像小西的故事里那样。当你和孩子平静地互动时，你们就可以一起发现压力源，采取措施减轻压力，发现哪些东西能帮助孩子平静下来，并弄清孩子怎样才能学着独立做到这些事情。对我们所有人来说，身体与情绪的联结是一个通用的切入点。事实证明，这种联结是小西学会情绪调节的关键因素。这并不是唯一的因素，但它为小西持续的情绪成长铺平了道路。如果不是小西显著提高了对自己身体的觉察能力，这一切都不可能发生。事实证明，小西的情绪调节的确是以某种形式的"监控"开始的，但被监控的是她的压力和紧张，而不是她的情绪。

促进（或抑制）情绪的成长

我们可以用一句话概括生理领域的自我调节：孩子进入了消耗能量的生理状态，然后平静下来，恢复正常，补充能量。情绪领域也是如此：孩子体验到了消耗大量能量的强烈情绪，然后平静下来，恢复正常，补充能量。恢复阶段在生理领域是至关重要的，因为这个阶段为生长和疗愈提供了最佳条件。在情绪领域也是如此。

　　脑间联结的亲子关系模式对于情绪成长非常重要。当然，这不是情绪成长的唯一推动力。孩子会通过扮演类游戏、同伴互动、读故事和讲故事来自然地接触和探索他们的情绪。父母在这个过程中起到了关键作用。通过我们有意识和无意识的反应，我们会促进孩子的情绪成长。不幸的是，有时我们可能会阻碍他们的情绪成长。当孩子提出让我们不舒服的情绪主题时（比如关于生命、死亡、性，或者我们倾向于忽略的自身行为方面的某些问题），我们会回避这个话题，而他们也会学着回避。如果我们面对孩子，对他们的问题持开放态度，与他们分享我们的经验，以及我们对答案的探索，他们的情绪就会得到成长，学会反思和自我觉察。

　　如果孩子陷入了某种情绪之中，他往往会对让他害怕或生气的事物做出反射性的反应。对一个孩子或青少年来说，被情绪的海啸吞没可能是一件很可怕的事情，而我们的恐惧或愤怒反应会让他更难以平静下来、找回情绪的平衡。孩子越是被恐惧或愤怒控制，他就越难以和我们交流，也越难以理解那些我们为了帮助他应对挑战而说的话。

　　要促进孩子的情绪成长，最关键的步骤就是保持脑间联结双向交流的通畅，即使遇到可能让你们失去联结的艰难时刻也是如此——在此时**尤其**要做到这一点。正是通过脑间联结的促进，孩子的基本情绪才得以分化、扩展和深化，积极的"次级"情绪（勇敢、决心、希望、同情心）才得以发展。这种情绪积累的基础越深，在压力下保持平静所需的努力就越少。但在这个过程中,孩子也可能发展出我提到的那些消极次级情绪(绝望、嫉妒、内疚或无助),这些情绪会使他在情绪上更加脆弱,更容易受到焦虑的影响。双向的脑间联结互动不会说谎。在小西的故事中,马莉在沮丧的情绪中,向小西表达了她的行为很让人讨厌;而这条信息非但没有帮助到小西,反而对小西的情绪火上浇油了。为了帮助女儿厘清这些复杂的情绪,马莉必须觉察自身的情绪暗流,觉察自己的反应如何加剧了小西的情绪痛苦。

随着孩子的成长,他会开始探索各种不同的情绪,不仅是那些让他兴奋的情绪,还有那些他觉得可怕的情绪。重要的是,我们要接纳孩子所有的情绪,不要回避那些让我们感到不安的情绪。就像我们自己会对一些探索黑暗、不安情绪的电影着迷,孩子也需要在探索让他害怕的情绪主题时感觉安全。我们只有保持平静的互动,才能给孩子提供这种安全感。这有助于孩子学会管理那些让他感觉不安的情绪,让他可以不用停留在、倒退回身体和情绪反应强烈的早期阶段。

疾病和死亡是孩子常见的担忧。祖父母会在他们眼前变老,有时还会生病;姑姨、叔伯、年幼的表亲,以及其他亲友都有可能患病或死亡。孩子会担心其他人死去,也许也会担心你死掉,可能会因此忧虑重重。孩子的情绪压力可能只会表现在某个特定的方面(也许是腹痛或焦虑),但无论如何,他们会经常通过唐突的问题或不安的忧虑,直接向你提起他们的担忧。自我调节的活动似乎对许多这样焦虑的孩子都有好处,这些活动不仅分散了他们的注意力,还起到了调节身心的作用。

事实证明，艺术尤其有效。如果孩子画了一些带有某些死亡主题的画作，父母就需要告诉他这幅画很美，也可以鼓励他解释一下。父母不要害怕自己看到或听到的东西。

随着孩子逐年长大，他们会逐渐养成平静、客观思考自身情绪的能力。他们会开始理解那些与愤怒、恐惧和悲伤有关的各种情况。当孩子在扮演类游戏中探索这些感受时，身体上和情绪上的感觉会在这些心理剧中紧密地联系在一起。那些能够保持平静的孩子，他们扮演类游戏中的细节也较多。他们的感受也更加敏锐，也有更多的情境能够激发出他们的那些感受。相反，那些容易过度唤醒的孩子在情绪探索中有更多的试探性，也可能在扮演类游戏中表现出更多焦虑、攻击性主题。

随着他们对自身情绪的反思能力的增强，他们会开始弄清自己为什么会那么愤怒、害怕或悲伤。他们会开始更多地理解情绪中不易察觉的"灰色地带"，以及在同伴关系中所需要的妥协。在很小的时候，孩子可能会气冲冲地冲进屋子，大声地嚷嚷他有多讨厌自己最好的朋友在课间和另一个孩子玩。到了中学，他可能会通过反思（说出声来或默默反思）自己感觉到的冷落，思考自己为什么会那么受伤。

孩子情绪成长的所有这些关键元素（识别情绪、找到调节情绪的工具、思考自己或他人的情绪、理解情绪的来源、弄清自己为什么会有某种感受），都取决于他和你（以及其他信任的他人）在安全的关系中、在共享的脑间联结的互动中所做的情绪探索。如果没有这些促进成长的经历，孩子的情绪就会陷入强烈的、"全或无"的模式。

重见天日：孩子需要情绪的开放性和安全感

我们成年人倾向于压抑那些让我们感到不安的情绪，无论这种情绪是孩子的，还是我们自己的。但是，促进孩子情绪健康的秘诀不是让他回避或压抑痛苦的情绪，而是让这些情绪重见天日。这对一个孩子来说很难，对我们所有人来说都很难。

孩子会觉得强烈的消极情绪很可怕，会让人筋疲力尽。我们也经常看见，他们会试图把这些情绪憋在心里。压力会不断累积，直到孩子情绪爆发或麻木，此时叫他们"用自己的话说出来"是没用的，因为他们正在逃避那些让他们觉得害怕的情绪。经常发生的情况是，他们会倒退回一种前语言的状态。在这种状态下，他们说不出话来，或者只能说出表达情绪痛苦的原始感觉的少数几个词，这通常会让事情变得更糟。有多少次父母曾听到他们的愤怒的孩子大喊"我恨你"，可是等情绪过去，孩子却不会再说甚至都不会想到这样的话？

为了帮助孩子在情绪上成长，我们需要帮助他们表达他们的感受，并且让他们感到这样做是安全的。他们需要扩大自己的情绪词汇，增强反思能力，并区分情绪反应中的不同元素。他们必须学会识别触发他们情绪的诱因，并随着年龄的增长，了解自己在情绪上脆弱的地方。他们需要发展出新的情绪，学会应对成长过程中出现的新情绪挑战。

学会读仪表盘——一起读

还记得那个汽车修理工吗？他在一次自我调节的演讲后走

过来和我分享了他的顿悟：孩子的行为就像指示"引擎"运行状况的指示灯。说起来，从许多方面来看，强烈的情绪**的确是**我们的指示灯，能让我们知道"引擎"什么时候过热或燃料不足了。孩子必须学会的一件事（事实上，我们每个人都必须学会）是，知道什么时候强烈的消极情绪在告诉我们，我们正处在低能量、高紧张的状态。令人惊讶的是，当我们处于低能量状态时，有些事情会让我们害怕或恼火，但当我们在高能量、低紧张状态下时，这些事情就不那么令人困扰了，甚至完全不是问题。

我们不应教孩子压抑强烈的情绪，而应希望他们能意识到这些情绪是他们压力过大、需要恢复的信号。一旦父母和孩子像这样换个角度看待"可怕"的情绪，这些情绪立刻就不那么可怕了。我们在小西身上看到的那些愤怒是一个信号，表明她由于各种原因，已经过度紧张、筋疲力尽了。在接下来的几个月里，她的问题开始减少，这是因为她把这些问题看作她需要减轻压力、恢复能量的信号。

要让孩子学会做这件事，需要两个人的努力。作为孩子的情绪导师与搭档，你可以踏破根深蒂固的压力循环。当我们培养孩子的情绪调节能力时，我们能教给孩子的最重要的一课正是：要在情绪失调发生时识别其征兆，要在情绪变得过于强烈，以至于孩子陷入战斗、逃跑或僵住状态之前做这件事，这样他们才能采取自我调节的五个步骤。

所以，情绪调节一开始是一项双人合作——两个人之间的事，而且它始终是人类身心健康的一个重要因素。我们要通过

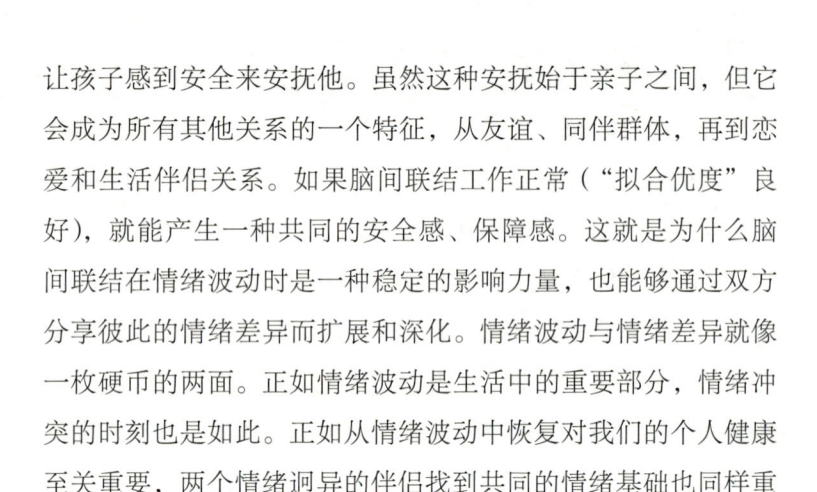

让孩子感到安全来安抚他。虽然这种安抚始于亲子之间，但它会成为所有其他关系的一个特征，从友谊、同伴群体，再到恋爱和生活伴侣关系。如果脑间联结工作正常（"拟合优度"良好），就能产生一种共同的安全感、保障感。这就是为什么脑间联结在情绪波动时是一种稳定的影响力量，也能够通过双方分享彼此的情绪差异而扩展和深化。情绪波动与情绪差异就像一枚硬币的两面。正如情绪波动是生活中的重要部分，情绪冲突的时刻也是如此。正如从情绪波动中恢复对我们的个人健康至关重要，两个情绪迥异的伴侣找到共同的情绪基础也同样重要——共同的情绪基础对于脑间联结的稳固有着重要的意义。

孩子最大的危险：愤怒——他们的还是我们的？

我们总是听说，孩子面临的最大危险之一，就是无法控制自己的脾气。人们认为所有幼儿在这方面都有问题；有些孩子比其他孩子的问题更严重，这可能是由于生理、家庭或社会原因。传统观念认为，无论出于什么原因，如果孩子屈服于自己的愤怒，他就会受苦——有大量研究支持这一观点。研究表明，这样的孩子更有可能出现提早辍学、反社会行为、吸毒、自伤，以及心理问题和长期的身体问题。但是，要有效解决孩子的愤怒问题，我们必须分清原因和后果。仅仅是愤怒就一定会让他承受这些后果吗，还是说我们对孩子愤怒的反应是他走向恶性循环的关键因素？

事实上，我们所有人（父母、老师，甚至孩子）都会用自己的愤怒来回应别人的愤怒。当我们感到愤怒时，我们会很自然地把这种情绪投射到我们生气的对象身上——即使那对象是我们自己的孩子。**他**才是有错的人。**他**才是"做了错事"的人。他是那个必须服从、承认错误的人。如果他不这样做，如果上面提到的可怕后果发生了，那**他只能怪自己**！

在所有的消极情绪中，愤怒可能是父母和孩子最难处理的。孩子觉得愤怒会让人特别疲惫、害怕，正如我之前所说，他们会试图忽视或压抑愤怒。但压力会不断累积，直到他们的愤怒到达爆发的程度。父母常说，孩子的愤怒之所以如此可怕，是因为难以预料。在一天晚上的家长会上，一位母亲这样描述了她儿子的愤怒情绪："太突然了。一秒钟前他还很平静，下一秒钟他就又吼又叫。"

没有人真的会在瞬间突然爆发——从平静到愤怒。孩子的行为举止可能会有这么快的变化，但这不意味着他是从平静变为了愤怒。这就是为什么我们必须区分高压锅一般的"安静"（可能在瞬间爆炸）与自我调节、情绪平衡的平静。**在情绪爆发前，孩子的紧张感是在一直积累的**，只不过他没有表现出来——最重要的是，他甚至都**不知道**。如果紧张感变得过于强烈，那么在他平静时对他没有影响的事情，就可能引起他的情绪爆发。这就是为什么孩子需要意识到自己的情绪有多强烈。换言之，他需要在情绪爆发之前意识到自己的身体状态。

自我调节告诉我们，事实上，孩子最大的危险不是愤怒：愤怒是人生最核心的部分。孩子面临的最大危险是，他因为自己的感受而羞耻，因缺乏自控力而受到指责，并且遭受那种只会让他更容易受到消极情绪影响的惩罚：这些消极情绪包括无助感、无价值感、忧郁，甚至自我厌恶。所有这一切都丝毫不会让孩子更善于"控制自己的脾气"。

愤怒不是一种需要控制的**性格弱点**。当然，孩子需要有一些他能清楚理解的行为限制。事实上，研究表明，对孩子来说，没有限制和限制过严都是巨大的压力源。但是，管教的目的是帮助孩子培养自律，而**自律来自孩子的积极情绪，而非消极情绪**。自律源于他想要成为某种人的渴望，源于他相信自己能成为那种人的信念，而不是源于对羞辱或惩罚的恐惧。

暴露在阳光之下

为什么有的孩子明明知道会导致糟糕的结果，还会屈服于愤怒，成为社会的弃儿？为什么孩子会选择沉溺于情绪痛苦，而不选择平静、稳定？丘吉尔曾说，在每一个困难之中发现机遇能让人受益无穷，可为什么孩子还要在每一个机遇中寻找困难呢？为什么青少年要整天拉着窗帘、躺在床上？为什么焦虑的孩子不能"顺其自然"，或者忧郁的孩子不能"振作起来"？

正如我们在本章中所看到的，这些问题的答案是，孩子并没有选择消极，选择不走正道，或者单纯地选择痛苦。信不信由你，尽管你苦口婆心地劝孩子**平静下来**，而他其实想做的正是这件事。让他困惑的是"怎么做"。问题也不在于他不明白消极情绪的代价。如果这就是问题所在的话，我们只要解释其后果就行了——再解释一遍，这样孩子就能不再生气，振作精神，冷静下来，停止烦躁，**控制住自己了**。

与我交流过的每一位家长都认识到了（即使只是直觉上的认识），抗逆力不在于回避或压抑，而在于面对和处理强烈的情绪。他们都曾试图用自己的方式正面解决孩子的情绪问题：消除误会，让孩子把困扰自己的事情说出来，或者只是让孩子意识到自己现在有些困扰。几乎每位家长都发现了，在应对情绪问题时，说服与逻辑一样没用。

自我调节不仅能告诉我们情绪的原因，更重要的是还会告诉我们应该怎么做。它还会教我们拓宽视野：要看到孩子身体与情绪这一"跷跷板"的整体状况，而不是只看其中一端。因为当跷跷板的一端失衡时，另一端也会失衡。如果我们不能帮助孩子学会如何调节自己的生理唤醒，我们就无法帮助孩子学会调节情绪唤醒。

强烈的情绪非但不是孩子健康的阻碍，反而是健康的秘诀。我说的情绪不仅仅是爱、同理心、兴趣和好奇心，还有成长过程中的恐惧和烦恼。即便是让孩子和周围的人苦不堪言的愤怒和怨恨，也是发展的主要动力：所有这些情绪都与身体密不可分。一旦把奇怪而可怕的行为暴露在阳光之下，你就会发现，正如"阁楼里的怪物"一样，那些行为只是一扇在风中松动的百叶窗。

第 7 章

认知领域
平静、清醒与学习

乐乐是个身体壮实的七岁男孩。他进房间时,与其说是走进来的,不如说是冲进来的:无论是进房间,出房间,从房间里的这头到那头,从这个房间到那个房间,都是这样风风火火的。他笨手笨脚的,经常撞到桌椅,甚至撞到墙上。他需要触摸、摆弄他所看到的每件东西,但只过了一会儿,他就会把东西扔掉,通常是直接扔到地板上。只要坐下来和他交谈,他就会拿出游戏机,没有更多的反应。要把他从游戏中拉出来和他谈话是不可能的。他母亲辛娅解释说,他去任何地方都会带着游戏机。甚至在走路和与别人说话时,他也会玩一会儿游戏。这几乎是唯一能让他放慢速度、集中注意的东西。

在注意障碍的行为诊断中,"注意力高度分散"与"寻求新异事物"通常是很容易观察的切入点。但是，乐乐的妈妈和其他人很难准确地说清他是否"注意力高度分散"，因为他从不会花足够长的时间去做一件事，以至于无法判断他有没有分心。他们也很难说清他的行为是不是"寻求新异事物"，因为他似乎没有意识到他看到或把玩的东西。相反，好像有一种深层的需求在驱使着他，像蜂鸟一样从一个刺激物飞往另一个刺激物。

他的问题并不仅仅是坐不住。他四处乱跑时，似乎很紧张，更多的是焦虑而非好奇。虽然他能一连玩上好几个小时的电子游戏，但很难说这是否真是专注的表现。专注是一种**主动的**精神状态，或者说是一种"注意力吸引"的现象——此时某件事物会打断你其他的事情，牢牢抓住你的注意力。玩游戏这样的注意力，即使持续很长时间，也会被认为是一种**被动的**精神状态。就像许多有注意力问题的孩子一样，对乐乐来说，这些游戏中快速变化的图像、吵闹的噪声、明亮的色彩会让他们目不转睛，但让大脑筋疲力尽，为他们提供了短暂但令人疲惫的能量，但这种能量是失调的——就像大脑的垃圾食品。

在幼儿期，乐乐的多动行为就已经让家里人感觉头疼了。光是让他坐下来吃早餐，或做好去商店的准备，就需要母亲付出巨大的耐心和努力。当他开始上学的时候，情况变得更糟了。五岁时，乐乐在上幼儿园，他完全无法安静地坐着专注于一项任务，无法排队等待下课，也无法和同学一起玩游戏、参加活动——连"你说我做"（Simon Says）或"视觉大发现"（I Spy）这样简单的游戏都做不了。这导致老师很难对他一对一教学,他也会在集体活动中捣乱。所有这些意味着他错过了重要的学习机会。

在那一学年,乐乐被诊断出注意缺陷多动障碍(ADHD)。第二年,他开始服用一种旨在提高注意力的精神兴奋药。辛娅说,药物对他在学校里的行为有一点帮助,这可以说对他的社交和学业发展都是相当重要的。但是他觉得药片很难吃,而且他讨厌口服液和咀嚼片的味道。他们试过贴片,但贴片刺激性很重,乐乐一有机会就会把贴片撕下来。所以让他服药就像打仗一样难,药效到晚上就消退了,这使得他们俩的夜晚都很难熬。辛娅是一位单亲妈妈,她是一个法律秘书,每天工作压力很大,但更难的是每晚和乐乐相处,其中最艰难的部分是睡前。她可能要花好几个小时才能安顿好乐乐。在12点前让乐乐睡下,就是一个小小的胜利。尽管她早上醒来时筋疲力尽,但乐乐似乎从不会因为睡眠不足而烦恼。

现在,乐乐上一年级已经有三个月了,但对他和他母亲来说,他的状况变得更加痛苦了。学校已经开始教授早期阅读、写作和理解技能了,而乐乐的注意力不集中和冲动,显然已经阻碍了他的进步。乐乐的行为现在就像一堵不可逾越的墙,让他无法和其他同学一起学习;或者就像他母亲担心的那样,让他完全无法学习。她的担心是有道理的,越来越多的父母(或孩子的老师)也同样担忧他们所看到的严重注意力问题。孩子不能集中注意力就不能学习,孩子不能学习就不会成功。

我们对乐乐的临床目标是让他放慢速度,帮助他与自己的身体建立联结,帮助他体验并享受平静的时刻,然后学会如何自行平静下来。但是，当我们与乐乐这样的孩子合作时，我们的研究重点是看他们能教给我们哪些有关所有孩子的事情（如果能有一些启示的话），而不只是有关那些在认知领域有问题的孩子的事情。

探究认知领域的根基

"认知"是一个很大的词，涵盖了心理学的很多领域。认知指的是任何与学习有关的心理过程，比如注意、知觉、记忆和问题解决。事实上，这些心理过程各自都涵盖了相当多的领域。但是，自我调节提出了一个小得多，也重要得多的主张：这个主张与这些不同认知过程的共同根基有关，也与这些根基的局限能够如何导致上述学习问题有关。

儿童和青少年在认知领域最常出现问题的方面有：

- 注意
- 忽视干扰
- 延迟满足
- 概念结合
- 概念排序
- 忍受挫折
- 从错误中学习
- 焦点转换
- 看到因果关系
- 抽象思考

当你看到上述任何一个问题时，你会很自然地认为你应该专注于那个**特定的问题**。比如说，一个孩子难以集中注意力，我们就很容易认为他需要锻炼来增强这种能力。但是自我调节总是会问：我为什么会看到这个问题？根本原因是什么？我能做些什么来增强这种认知的**根基**？这不仅对于有上述问题的孩子很重要，对于所有孩子都很重要。即使是一个有学习能力的孩子，当学业变得更复杂、对注意力的要求变高的时候，他也会面临新的挑战。在学业上取得成功的压力很大，学校生活中的社交与情绪要求也只会增加孩子的压力。

根系吸收水分和营养，并起到固定植物的作用。同样地，当我们说到认知的根基时，我们指的是各种感官如何接收和加工各种不同的信息（既包括**内部**信息，也包括**外部**信息），以及这些根基如何给予孩子一种保障感，从而让他在关注世界时感到稳定、脚踏实地。提及内外信息，我们知道我们不仅要处理五种感官——视觉、嗅觉、味觉、触觉和听觉，还要处理内部感受器的信息，这些信息会告诉孩子身体内部的情况，他的躯干、头、四肢、手和脚的位置，温度和压力的变化，甚至是有关时间的直觉。

如果孩子的感官"根系"有局限，迫使他掌握高级技能或元认知技能可能会很令人沮丧——对孩子、父母和老师来说都是如此。乐乐就是一个很好的例子。学校在尽力帮助他，每周为他安排了执行功能培训课。"执行功能"指的是一系列不同的能力，包括推理、问题解决、灵活思维、计划和执行，以及有效的多任务处理。如果你曾经见过孩子专注于学习一个新游戏的规则，能轻松地从一项任务转换到另一项任务，搭建乐高模型，或者在搭乐高模型时无视你叫他吃饭，那你就见识过执行功能的作用了。

执行功能培训的内容包括记笔记、学习和分析文本、给文章写提纲、复习考试或时间管理。这些技能非常宝贵，事实已经证明它们对各种有学习缺陷的孩子都有巨大的帮助，能够减轻学习、写文章和考试的压力。尽管辛娅每天晚上都会尽职尽责地和他一起练习，但这种培训对乐乐没用。这些课程的效果似乎很难持续下来，他们俩都开始害怕晚间的课程了。问题在于，乐乐在认知领域的问题是更根本性的。就像在自我调节的每个领域一样，只有奠定了坚实的基础，我们才能在"更高级"的层面上工作。所以，在我们考虑他严重的注意分散和冲动问题之前，我们必须考虑他接收和加工各种感官信息的能力。

有很多原因可以解释为什么孩子会在注意力方面有问题：生理原因、情绪原因、认知原因、心理原因、社会性原因。专注于执行功能培训能帮助一些孩子，但教育工作者常常告诉我，他们有很多学生并没有从中受益。为什么呢？最主要的原因是，这些项目或练习为学生预设了一个认知水平，而许多孩子，甚至青少年都没有达到这一水平。换言之，在我们考虑修剪树枝之前，需要先养育好根系。

认知的根基

加里·拉森（Gary Larson）的《远方》（*The Far Side*）是

我最喜欢的漫画之一，这本漫画把"我们对狗说什么"和"狗听到了什么"做了比较。漫画中，有一个男子责骂他的狗金杰，他叫了狗的名字，并细数了它翻垃圾桶的"罪过"。狗听到了什么呢？基本上就是"叽里呱啦，金杰，叽里呱啦"。从这个角度开始思考认知的根基是很有用的。

事实上，很多注意力有问题的孩子听到的甚至不是"叽里呱啦"，而是"叽里叽里叽里呱啦"——一连串长长的声音。所以，简单的一句"把你玩具收好再出去玩"，就可能乱作一团，变成"巴尼玩季手嗷在区完"。他们可能难以分辨语音中某些小的片段，比如一个词的尾音，我们在发这些音的时候通常会降低音量。他们也有可能分不清你是在说"鱼""驴"还是"绿"。他们面临的困难，就像你分不清一门你不懂的外语中某些不易察觉的发音一样。这并不是因为你没有**注意**到别人在说什么。不过，你心情越沮丧，你就越有可能听不清。你的听力可能根本没问题，只是你的大脑听觉中枢根本不熟悉这些声音。对有些人来说，如果大脑中加工语音的听觉中枢有问题，即便是在听自己的母语时，他们也会难以理解别人说的话。

乐乐的一大问题就是内部感受器的问题，这个问题并不罕见。他在玩"你说我做"这样简单的游戏时会有很大的困难，很快就会厌倦并放弃。这样看来，他的问题似乎是动机问题：他懒得努力。但是，如果我们仔细观察，我们可以发现，他很难按顺序做出那些他应该模仿的动作。

通过观察儿子的日常生活，辛娅已经清晰地意识到了这一点，但直到现在，她才把这一点看作问题模式的一部分。乐乐从小就这样，至今仍然难以单腿站立，也很难在平衡板上站立超过几秒钟。他的坐姿和站姿都很笨拙，似乎不能注意到有关自己身体的一些简单事情的线索。即便他冷得发抖，辛娅仍不得不告诉他穿上毛衣，他才会穿上毛衣。即使辛娅知道他饿了，也得站在他身边让他吃饭，他才会去吃。至于睡觉，他似乎从来不知道自己什么时候累了，尽管这在辛娅看来是很明显的。

对于每个学习自我调节的孩子来说，第一步都应该是帮助他适应自己的身体。对乐乐来说，这就意味着要玩一些能帮助他注意肌肉、关节信息的游戏。他难以协调自己的行动和语言，所以辛娅和他一起玩了一些能促进这方面意识的游戏，并和他一起应对认知加工上的挑战。"红灯停，绿灯行"（Red Light or Green Light）这类经典游戏就很有效，因为它们对孩子来说既有趣，又有收获。与此同时，这些游戏还能让孩子感受认知过程的具身体验——他们需要那些认知过程来整理自己的想法、动作和口头表达，并自信地在周边的空间里活动。这类游戏着眼于注意力的**根基**，而不是注意不集中的结果。

不要以为只有小孩子才需要做这种练习。哪怕你青春期的孩子身材高大，不再是一个"孩子"了，也不意味着他不能从增强这种脑身联结的练习中受益。我们所有人都能从中受益。在某些情况下，青少年在某种认知的根基上存在缺陷，但这种缺陷从没被人注意到，这可能是因为他们的另一种能力（如记忆）碰巧非常强，能够做出弥补。但到了某些时候，任务对记忆力的要求会变得太高，以至于他们会力不从心。这就是为什么我们常会见到，有些在小学能轻松完成学业的青少年，到了高中时却突然出现了注意力问题。

启动认知引擎，走上生活的高速公路

新生儿必须理解来自身体内外的复杂"信息"：他们以前从未体验过的感觉。他们在感知或加工各种不同的感觉方面的生理限制，或者单纯的疲劳感，会让他们更难以理解威廉·詹姆斯（William James）所说的"吵闹、嘈杂的混乱"。

如果你想要理解孩子在认知的根基方面所面临的挑战（尤其是那些由于生理原因难以专注于任务的孩子所面临的挑战），就请想象一下在这些情况下你有什么感觉：

- 从陡峭的楼梯上走下来，但不握扶手；
- 用不惯用的手写信或打网球；
- 在信号很差的情况下打电话，只能听见对方说的部分内容。

这些都是一些孩子难以应对的认知加工问题。对一些孩子来说，这是他们日常生活的一部分，其影响通常会表现为注意力问题。如果一个孩子无法觉察或理解感官刺激，他就会像我们中的任何人一样，感到一阵强烈的焦虑，因为他不能信任自己的感觉，也不知道接下来会发生什么。

婴儿是如何学会识别模式的

模式让世界变得更容易预测，不那么吓人。婴儿识别模式的能力越强，这个世界就越不可怕、越吸引人。婴儿会不断地观察和倾听身边的模式。例如，婴儿会逐渐发现，他听到的不仅仅是声音，还有声音之间的停顿，以及声音的使用方式。他会开始听出词语是不同的声音，比如"别""动""垃""圾"，并能认出爸爸说这话时提高的音量、指责的手指和面部表情。

学会了识别模式，你就能了解自己的感受，并对周围的环境采取有意识的行动。这样一来，孩子就能告诉别人他想要什么，就能让身体做他想要做的事——自己吃饭、捡起玩具、走路、停下、离开。正是这种认知的根基，使他能够开始弄清原因与结果之间的关系，或者认识到情绪与行为之间的联系——无论是自己身上的，还是父母身上的。

这种不断增长的识别模式的能力，会显著减轻孩子的压力，让他感到心安，这样他就能保持在学习型大脑的模式里，对周围的世界保持开放和兴趣。如果孩子不能理解他们的体验，不理解人们为什么会那样做，或者只是周围的刺激太多，让他们无法接受，他们很快就会转换到求生型大脑模式。所以，认知的根基不仅仅是**理解**"吵闹、嘈杂的混乱"，还要在这样做的过程中，为孩子创造寻找更多复杂模式所需的安全基础。所以，如果一个有着上述认知问题的孩子做出这种求生型的行为，那是因为他缺乏关注和探索周围世界甚至内在世界的安全基础。还有一种可能是，他保持一点点稳定感的唯一方式，就是屏蔽冲击他感官的大量信息。

但是，这些认知根基并不完全是由某种预先确定好的基因程序决定好后自行发展的。脑间联结的一个主要作用就是在这个过程中帮助孩子。对于那些难以按顺序整理自己想法的孩子，你会本能地帮助他们简化任务要求，支持他解决问题。这种学习方法被称为"脚手架"法，这对于任何类型的学习都是必不可少的。不过在我们培养孩子识别模式的过程中，脚手架法很早就出现了。

带婴儿的时候，你会尽可能地防止过度刺激他的感官。当婴儿"崩溃"时，你帮助他回到平静、稳定的状态。你会读懂他给的提示，调整你给出的刺激的强度或清晰度。例如，我们会改变自己发声的方式，找到婴儿最喜欢的音高或音量。这就是为什么我们会用"儿语"（各种文化背景下的父母都会无意识地调整自己对婴儿说话的方式）帮助孩子识别语言的模式。我们会强调"吧"和"啪"之间的发音差异，或者夸大不同的嘴型，这样孩子就能**看到**并**听到**其中的区别。像这样将视觉信息和听觉信息结合起来，对那些恰好一种感觉加工能力强而另一种感觉加工能力弱的孩子特别有好处。

在孩子学着靠自己坐起来或学着走路的时候，我们会用各种方式支持他们。当孩子学着在各种地形上奔跑而受伤的时候，我们会"亲吻伤口"。我们会给他们的自行车装上辅助轮，在冰面上用椅子帮助他们学习滑冰，或者用浮水袋帮助他们学习游泳。当他们攀爬架子的时候，我们会托着他们。也许我们能犯的最大错误，就是认定孩子需要在没有我们帮助的情况下，独自努力学习如何集中注意。每个父母都梦想着看到他们的孩子安静地坐在桌旁写作业，但孩子需要我们给予很多帮助才能做到这一点。

认知问题的主根

唤醒调节不仅仅是认知的一个根基，而且是为所有较小侧根输送养分的**主根**。想一想当婴儿无法让自己的手或嘴去做自己想做的事时，或者当他与重力做斗争时（重力让他很难坐起来或走路），他要消耗多少能量。他在试图弄懂你的行为时也会消耗能量——首先要弄懂的就是你多得数不清的表情和声音。

每个孩子的根基都有强有弱。有些孩子觉得听课或读书很难，还有些孩子觉得掌握新的数学概念或在操场上做游戏很难。我们都倾向于回避那些我们难以应付的活动。每当你感到疲惫、压力过大时，"弱点"就会变得更加明显。儿童和青少年也会如此。事实上，他们的许多认知问题可能仅仅是回避行为。但这里还有一个更深层的问题：孩子承受的压力越大，某一个根基的问题就会变得越明显。其结果是，孩子的整体压力增加了。这样一来，孩子在这种认知的初级阶段就陷入了压力循环。在这个阶段，一旦出现了识别模式的问题（也许是难以识别一年级初级教材中最简单的句子里的字母和单词），就可能导致压力，这就会增加能量消耗，进而加剧最初的模式识别问题，并如此循环下去。

高度的压力也会抑制或降低对感官的意识。即使一个孩子在正常情况下没有任何认知加工问题，但在压力很大的情况下，他也会觉得难以听懂语音。对于一个有着某种特定感官过度敏感症状，或者难以加工某种特定信息的孩子来说，高度的压力可能会大大消耗他的能量储备。如果他不得不花费大量的能量静坐、抑制冲动，或者理解他所看到或听到的东西，那他可能就没有足够的能量一步一步地解决问题。有一次，在和一个小女孩看她数学老师发的讲义时，我注意到她被我台式电脑上的冷却风扇发出的噪声分散了注意力。她几乎无法把注意力集中在她面前那页纸上的数学题上，但我一关掉电脑，她在几分钟内就解出了这道题。

处理注意力的身体根基

对于许多注意力有问题的孩子，我们首先让他们做的，不是旨在减少注意力分散或旨在改善计划、排序能力的练习，而是锻炼他们的身体意识，因为身体才是注意能力的根基。各种简单的练习和游戏都能帮助幼儿培养身体意识。例如，有些游戏会让他们用身体模仿动物（假装你是一头大象，挥舞你的长鼻子；假装你是一只田鼠，飞奔到安全的地方），调节语音（假装你是一头咆哮的狮子；假装你一只吱吱叫的老鼠）或说话的模式（尽可能快地说话；尽可能慢地说话）。还有一些其他的活动，包括手的活动（用砂纸打磨木头；轻轻抚摸毛绒玩具）、触觉意识（蒙住双眼，识别不同类的物质）、嗅觉意识（仅凭气味识别不同种类的精油），或者区分不同的味道（就像吃比比多味豆[译注]，这毫无疑问是大多数孩子最爱的活动）。

玩这种游戏的目的不仅仅是帮助孩子**掌握**上述各种运动或调节能力，也是为了帮助他在做这些事情的时候**觉察**自己的感觉。要让孩子注意这种内在体验，有四种基本方法：

- 放慢速度（放慢你和孩子在日常生活中的语速、对话和互动，尤其是在你发出指示的时候）。
- 强调某种刺激的强度（如听觉或视觉），这样孩子就能充分意识到那种感觉。减少其他能触发孩子报警反应的刺激的强度。
- 把概念或指令分解成更小的部分或步骤，让孩子一次只关注一条信息或一个步骤。
- 帮助孩子意识到，身体活动或刺激性游戏帮助他释放了紧张，让他感觉更平静了。问问你的孩子，在做完活动之后，他觉得自己像个机器人（僵硬或紧张）还是布娃娃（放松）。

对于一个有注意力问题的孩子，尤其是像乐乐这样有严重缺陷的孩子，帮助他意识到来自本体感受器的信息尤为重要——本体感受器是在肌肉、肌腱、关节和内耳中的感觉神经末梢，能为他提供有关自身姿势和动作的信息。他需要我们放慢速度，强化练习那些我们想要他练习的动作。我的意思是，

[译注] 《哈利·波特》中的一种多口味糖豆，其中可能包含许多奇怪的口味。——译者注

让动作**真的**慢下来,慢到他能感受到相关的身体不同部位,以及动作的节奏。我们必须用有趣的方式来做这些练习,这样他的报警系统就不会被触发。

　　一位同事曾经告诉我,她去过一个瑜伽馆。这家瑜伽馆完美地体现了**放慢速度**能够如何增强身体意识。他们上课的节奏很慢,更多地强调姿势,而不是试图让你掌握新的、困难的体式。具体而言,他们的指导和动作专注于加深对腿部重量的觉察,以及通过动作来改变姿势。这样做是为了在肌肉缓慢对抗重力的时候,把注意力集中在肌肉的张力上。这就是本体感觉能力的作用,但这种能力对认知功能的重要性却很容易被忽视,因为它是纯粹的身体能力。她注意到,到课程结束的时候,她感到非常平静、轻松。

　　宇航员曾讲述过返回地球的时候有多痛苦:再次感受到重力的作用,就像背上沉重的背包,或者推着自行车爬陡坡一样。通常情况下,我们很习惯于对抗重力,以至于忽视了我们为了保持直立绷紧了多少肌肉。我们已经习惯了背着沉重的背包到处行走,以至于没有意识到这种负担的存在。即使只是坐着,我们也会绷紧躯干、上背部、肩膀和颈部的肌肉,以保持身体直立。但是,刚学会如何坐起来的婴儿能够充分体会到这需要多大的努力,暴躁的青少年早上不得不拖着自己起床时也是一样!

　　20年的研究和几千年的冥想传统都支持这一结论:正念练习对于心率和其他表示身心平静的生理指标都有着积极的作用。为什么呢?一部分答案就在于,感受自己的身体能带来恢复效果，此时身体会释放一种叫乙酰胆碱的神经递质，这种神经递质不仅能降低心率、促进快速眼动睡眠，还对注意力的维持至关重要。

这并不是说所有注意力和运动方面有问题的孩子，都喜欢做"慢"瑜伽——有的孩子只有在做力量瑜伽时才会活跃起来，还有很多人根本不喜欢瑜伽。所以我们又回到了承认个体差异重要性的问题上了。关键不在于有没有某种神奇的方法能帮助孩子培养身体意识，而在于你和孩子要一起弄清解决之道。

焦虑、分心、无法学习

人们很早就知道，焦虑会严重影响孩子的注意力。从自我调节的角度来看，这显然是有道理的：高度紧张会消耗大量能量，以至于几乎没有能量可用于集中注意。

注意是一种**全身的现象**，既涉及肌肉也涉及心理。观察一个孩子在一个问题上思考几分钟，你就能看到，在他专注于问题的时候，他的整个身体完全绷紧了。我们常说一个孩子在"钻研"问题：这是一个很有意义的比喻，因为这个孩子正在竭尽肌肉和头脑的力量去解决问题。有一次，我听到一位老师对他数学课上的学生说"到了举重的时候了"。此时我看到学生们咬紧了牙关、皱起了眉头，我想，这确实是一个恰当的比喻。

此外，高度专注还会让我们感到焦虑。我指的并不只是那种认为自己无法解决问题而产生的焦虑,而是专注这种全身现象导致的生理效应。当我们处于低能量或高紧张的状态时,无论是因为情绪问题,还是因为太过专注,结果在很大程度上都是相同的。

在学校里做自我调节工作的时候,我们会遵循一个普遍的规律,即孩子能够集中注意的分钟数,与他们的年龄大致相同。当然,凡事都有例外:有些孩子无法像你期望的那样长时间集中注意,有些孩子似乎能一直专注下去。但是,所有孩子都有一个共同点,那就是如果专注的时间超过了一定的限度,无论这个限度是多久,你都会看到孩子的边缘系统活跃起来,并且出现相同的情绪和认知问题。他们开始缺乏学习的动机,对除了电子游戏之外的任何东西都不感兴趣,成年人很容易将这些行为称为"懒惰"。

动机是一回事,能量是另一回事

"动机"是一个难以理解的词,通常被定义为"激励、激发和引导行为的心理活动"。但是,这个定义所说的只是,动机是激励孩子行动的因素。我们在陷入试图给"动机"下定义的徒劳之前,需要明白真正的要点:如果一个孩子没有能量,他就很难被"激励"。

能量与动机之间的联系是密不可分的。"油箱里的油越多",孩子的动机就越强。能量不足会降低动机。事实就是这么简单。孩子承受的压力越大,消耗的能量就越多,他就越不可能坚持做任何有挑战的事情。就像我们一直说的，身体上的压力源包括疾病、睡眠不足、营养不良或缺乏身体活动。与朋友之间的问题，或者其他社交、情绪压力都可能削弱动机。此外，这个领域还有一些特有的"认知压力源"。

除了无法识别模式的压力以外，还有一个常见的认知压力源，那就是：在孩子掌握基本技能或概念之前，就要求他解决问题。你不会指望孩子在学会字母表之前就会读幼儿故事书，也不会指望孩子在学过加减法之前就会算乘除法。在认知发展的每个阶段，都需要有相应的"脚手架"，让孩子在面对学习的挑战时感到平静、自信。在孩子的能力发展到足够的程度之前，就向他提出认知要求，肯定会导致注意力问题。其他常见压力源包括：接收的信息或做事步骤太多；没有向孩子清晰地呈现信息，或者没有以孩子觉得有趣的方式呈现信息；材料呈现得太快或太慢。

我们经常发现，严重缺乏动机的孩子或青少年，往往长期处于唤醒不足的状态。很多时候，他们会借助电子游戏或垃圾食品来上调唤醒，但是，由于我们将在第 11 章看到的原因，这样做会让他们更加疲惫，甚至更加缺乏动机。这并不是说，当我们自我调节的时候，孩子就能立即恢复活力。不过，仅仅是改变我们看待孩子行为的视角，就能对孩子的动机产生很大的影响，因为他会注意到我们对他的感觉，无论这种感觉是否被说出来。然而我们仍然会倾向于把一个看似对学习不感兴趣的孩子视作懒惰或不守纪律的，视作"后进生"。

乐乐就是一个这样的典型例子：他的"油箱"总是空的，

却要疲惫地继续前行。这就是为什么他有那么多问题——睡不着、坐不住、注意力不集中。他的副交感神经系统无法满足交感神经系统提出的要求。不过，一旦辛娅开始和他一起自我调节，开始弄清楚为什么他总在释放肾上腺素，她就能减少许多加剧乐乐注意力问题的压力源，而不仅仅是试图应对症状。对乐乐来说，减少环境中的"视觉噪声"尤为重要：视觉上的杂乱越少（墙壁越简洁），他就越能集中注意力。

当然，总会有一些时候，孩子不集中注意只是因为他不愿意。所以我们需要学会分辨出这种情况，以及他什么时候缺乏注意是因为能量不足。恐惧当然是一种迫使儿童和青少年专心致志的方式，即使在他们筋疲力尽的时候。但是，恐惧会让他们的心理和身体健康付出巨大的代价。恐惧会导致他们动用自己的能量储备，并且带来我们在前几章中看到的所有消极后果：即使后果不会马上出现，以后也会的。

"坐直了，专心些！"

如果孩子很容易分心，我们的第一反应可能是迫使他**更加努力**，而这可能与他需要的东西恰恰相反。自我控制的教条会这样对面临挑战的孩子说"坐着别动""不要乱动""安静点儿""注意"。在很多情况下，我们应该说的是"活动一下""再多动一动""哼一首小曲儿吧""闭上眼睛"。找出帮助你集中注意力的方法——然后去做吧。

当然，在此之前，首先要让孩子弄清什么东西能帮他平静下来。我们在前几章中看到过的所有休息、恢复策略在这里都完全适用：睡觉、饮食、运动、减少环境中的压力源。在此基础上，我们需要在认知领域寻找"主动的"恢复策略，即持续保持注意力的方法，同时这种方法还要能减轻压力。这些策略可能包括休闲阅读、听音乐、烹饪、观鸟或在大自然中散步。但是每个孩子都必须弄清什么能帮助他集中注意，有时他们想出的办法可能会让我们觉得，这与他们应该做的事情完全相反。

你的孩子可能会说，他在做作业的时候需要开着收音机。他可能确实需要音乐来上调唤醒，以达到完成作业所需的平静、清醒和专注状态。坚持要趴在沙发上做作业的孩子可能在无意中减少了保持身体正直所必须消耗的能量；在放松而清醒的状态下，他释放了更多精力来集中注意力。要把所有窗帘都拉上，坚持要在昏暗光线下做作业的孩子，可能觉得视觉刺激很消耗精力。

作为父母，最重要的是要认识到，你可能不得不放弃你的一些假设——也许是认为孩子**应该**坐起来，有充足的光线，或者有一个安静的空间来学习。也许这对你是有效的，或者你小时候是这样被要求的，但这对你的孩子可能行不通，或者对你的每个孩子来说效果都不一样。重要的是，什么对**这个**孩子有用。

在日常生活中，如果有任何形式的压力让你或你的孩子难以集中注意，你可以试着做几分钟的冥想，或者专注于进入你鼻子的冷空气和呼出的热空气——这些就足以让你恢复专注力。一次正念能让你休憩片刻，恢复精力。但是，不要因为你读过的文章说很多孩子能从这种练习中受益，就认为你的孩子也会从中受益。如果他不能从正念中获益，不要认为你必须强迫他坐着不动、不再坐立不安，以便他能好好冥想！

脑间联结对于注意和学习的作用

在前文中，我们看到了脑间联结在孩子的模式识别技能发展中起到了关键的作用。当然，脑间联结对于前面提到的各种执行功能（例如忽略干扰、整理思绪）也是必不可少的。重要的是要记住，脑间联结的关系模式会影响孩子与生活中所有重要成年人、同龄人的互动，而不仅仅是与父母的互动。对于有注意力问题的孩子来说，最大的挑战之一就是，脑间联结在很多时候加剧了他们的问题，而没有减轻问题，尤其是在学校里。老师会焦虑、生气。教练会感到沮丧。其他孩子会对你的孩子失去耐心，也可能对无法自在交流、参与班级活动的同学失去兴趣。

孩子越是焦虑、沮丧，与他打交道的人就越容易急躁。因此，**他人增加了孩子的压力负荷，让他感觉自己的能量储备更加枯竭了**，而作为父母、老师、教练或朋友，我们本应该帮助孩子应对压力。**集中注意的能力既是脑间联结的功能，也是调节情绪的能力。我们的回应方式对于孩子的专注来说有着至关重要的作用。**

这不是简单地花更多的时间教孩子元认知技能的问题。最重要的是，我们是否减少了孩子的压力和他感官上的负荷，从而使得能量与紧张的平衡朝着有利于能量的方向改变。要做到这一点，我们必须试着站在孩子的角度看问题，试着真正理解孩子的**感受**。

如果没有这关键的第一步，我们就可能在不经意间增加孩子的压力负荷，并错误地以为我们实际上是在帮助他。例如，最近有研究发现，在许多患有 ADHD 的孩子身上，大脑中负责持续集中注意的部分成长较为缓慢。要了解其中的因果关系，还有很长的路要走；但研究进一步揭示，我们会对这些孩子提出我们对发育正常儿童提出的那种认知要求，而这增加了他们的压力。

研究还发现，有注意问题的孩子往往会比发育正常的儿童更快地采取行动。我曾就此问过一个患有 ADHD 的成年朋友，她对我说，在成年后，她终于开始服用药物了，此时她突然觉得一切都"慢下来了"。这是她有生以来第一次感到"与世界步调一致"，她的压力也大大减少了。

我们可能无法弄清一个孩子认知特质的所有细微方面——无论是你的孩子，还是其他人的孩子，都是不可能的。我至今仍不确定我是否完全理解乐乐的需求。我能理解的是他有多大的压力，这就是他在游戏机中逃避现实的原因。所以，为了帮助他，我们和他的妈妈，以及学校员工一起制订了一些让他平静下来的方法。这听起来可能让人惊讶，但有时乐乐只需要一个让人安心的声音或眼神，就能保持平静；而一旦他的老师理解并看到这种做法对乐乐的影响，他们就能很容易地做到这一点。对乐乐来说，这就是一个暗示，告诉他，他并不孤独，有一个关心他的成年人会在他需要的时候支持他。

不过，我一直在强调，自我调节的重点在于**自我**。乐乐的妈妈和老师一直在开发各种有效的技术来调节乐乐的状态。他们该怎么帮助乐乐自我调节呢？说到底，这是每个父母的问题，尤其是在做作业方面：我们怎样才能让孩子安静地坐在桌前写作业，而不需要我们站在身边督促他们？怎样才能让他们直面学业上的挑战而不逃避（这些挑战会随着孩子步入小学、中学和中学后的阶段而越来越大）？怎样才能让孩子抵制那些会**吸引**注意，但会显著损害孩子**专注**能力的诱惑和干扰？

安静与平静

对于无法集中注意力的孩子来说，最重要的事情之一，就是让他意识到自己体内和身边发生了什么。这意味着他要意识到自己的身体状态：他觉得饿、渴、累、热吗？他还需要意识到自己何时会沉迷电子游戏，以及为什么会这样。他还需要意识到，如果把游戏关掉，他会有什么感受。同样重要的是，他需要意识到自己在做完各种恢复精力的活动之后的感受。

意识有许多种：身体意识、情绪意识、视觉 - 空间意识、时间意识、动作意识、感觉运动意识。重要的是让孩子放慢速度，这样他才能注意感受、想法，以及事情的前因后果。但是，也许孩子发展所需的最重要的意识，就是知道**平静是什么感觉**。正如我们在上一章所看到的，安静和平静是截然不同的生物学状态，然而孩子在很多时候会把"平静下来"听成"保持安静"——也许沮丧的父母或老师就是这个意思。但这两种状态根本不一样。孩子可以强迫自己安静下来，但内心仍然很不平静。只有体验到了释放身心紧张的愉悦感，并意识到这个过程，人才会感到平静。正是这种结合了身体、情绪和认知的平静状态促进了恢复和生长，进而支持了我们的认知加工与学习的过程。

　　正念冥想练习的一大好处是，它能让我们把注意力集中在一些我们倾向于忽略的感觉上：双脚触碰地面的感觉、房间里的气氛、我们自己的情绪。通常情况下，我们对待身体和周围的世界，就像对待肩膀上的背包一样，久而久之就将其忽视了。注意力不集中的孩子通常对他们体内和身边发生的事情一无所知，这往往是因为他们在婴儿期从未完全发展出模式识别的能力——在混乱中寻找统一的能力。面对来自不同感受器的信息流，有严重注意问题的孩子可能从未体验过平静感；相反，他们可能已经习惯了将内在的混乱作为自己的常态，他们的行为也反映了这一点。除非他们真正体验过平静的状态，否则他们不可能知道这种感觉。一旦他们有了这种体验，接下来就要帮助他们发展自我觉察，以便他们能意识到自己何时需要平静下来，以及如何平静下来。

　　在我们的儿童临床工作中，以及在我们利用学校、社区项目向父母和孩子介绍自我调节的时候，我们很早就意识到，在帮助这些孩子的过程中，我们能犯的最大的错误，就是过度依赖抽象的词语。一开始，你必须用他们能理解的、非常简单的词汇和概念（油箱空了、满了，或者同时运行太多程序的电脑死机了），也可以用布娃娃或巴斯光年这样的道具，问他们是像布娃娃一样松软，还是像巴斯光年一样僵硬。另一个非常重要的发现是：在通常情况下，孩子在意识到"肚子疼"或"手脚刺痛"之前，需要稍稍平静一些。对于一个处在低能量、高紧张状态下的孩子，如果你问他现在身体有什么感觉，他通常会说"没什么感觉"。也许这样说有些令人惊讶，年龄较大的孩子和青少年也会如此。一旦他们开始平静下来，他们就会突然说胃里有个疙瘩，这个疙瘩"一直都在那里"！

当你开始帮孩子自我调节的时候，你要尝试不同的技巧，观察孩子的脸和身体，看看哪种方法有平静的效果。乐乐发现，当妈妈用力挠他的背部或者做头部按摩的时候，这种触感能让他平静下来。（他讨厌任何轻柔的触摸。）最重要的一点是，要让他注意到按摩对于他脖子、肩膀、躯干和腿部紧张的影响。妈妈和老师发现了乐乐的压力诱因，尽可能地减少压力源，让他主动参与他选择的活动，这些方法的结合让他不再那样沉迷游戏机了。如果没有这种身体意识，他就无法达到自我调节的最后阶段：知道自己什么时候需要休息、恢复，以及如何做到这一点。

安全感的重要性

要帮助任何儿童或青少年从求生型大脑状态转变为学习型大脑状态，最重要的一点就是要让他感到安全、有保障：作为一个学习者,他要在身体上、情绪上感到安全。

我相信,孩子需要花大量时间在大自然中,以便促进安全感系统的发展。但是,当我带着一群青少年穿过我的孩子们在其中长大的那片树林时,我意识到,有些孩子需要很多帮助才能在大自然中感到安全、有保障。和我一起来的那些青少年,那些男孩和女孩,被有些从来不会困扰我孩子的东西吓到了,比如松鼠的吱吱喳喳声、灌木丛中的鸟叫声、昆虫的嗡嗡声。他们觉得大自然既陌生又可怕。他们小心翼翼地走过那些我的孩子们常常跑过的地方。但话说回来,我的孩子是在这片树林中长大的。天知道有多少次他们被绊倒、摔倒,然后跑过来被我扛在肩膀上。但是通过这种方式,他们从自己的经历中学会了如何适应来自腿和脚的感觉——不需要任何指导。

对于这些青少年来说,爬过一根树干、爬下一块岩石,或者走过膝盖高、看不到地面的草地,都会让他们感到焦虑。由于不确定自己的脚踩在哪里,他们很容易受到惊吓。他们无法摆脱求生型大脑模式,直到他们最终回到停车场时,才明显松了一口气。这次散步不但没有起到恢复能量的作用,反而是一次煎熬。回到城里的时候,他们立刻就回到了让他们感觉安全的封闭环境中,这是一个充满人工刺激的世界,一个几乎没有任何身体活动的世界。

动物之所以能在它们的洞穴中休息和恢复,正是因为那是它们感觉最安全的地方。考虑到孩子需要同样的安全感,这可能就是乐乐教给我们的最重要的一课:他没有自己的"洞穴"!这并不一定是因为学校不安全,或者因为当他需要的时候，家里没有可以让他躲起来的地方。最重要的原因是，**他对自己的身体缺乏安全感**，我怀疑他从来都没有过这种安全感。

感受自己的身体

正是因为如此，为了帮助乐乐，他的妈妈和老师先做了前文所述的那种非常简单的游戏和练习。有时，一些更为基本的东西也会有所帮助，比如让他在坐着的时候感觉座椅，或者在站立的时候感觉地面。这样做的目的是让他意识到来自本体感受器的信息，这样他才能有踏实的感觉：在坐着或站着的时候有保障感。

用呼吸练习来促进自我调节，对于乐乐来说似乎是一个很好的起点。这些练习很简单，许多老师都能把这些平静的练习融入教学中，效果很好。但是，用莲花式坐姿坐着专注于呼吸，只会让乐乐更加焦虑。

他们尝试了其他好玩的游戏，来培养乐乐的身体意识，最终他们发现乐乐喜欢跳舞。当乐乐对家庭作业的注意力开始分散时，他们会让他玩一会儿，玩的内容包括运动、感觉游戏——以及萨尔萨舞！辛娅和乐乐的老师还采取了一些措施，消除了我们大多数人可能不会注意到的，但会引发乐乐报警反应的视觉干扰和噪声。但是，归根结底，乐乐发展自我觉察能力的动机必须完全是内在的。他要学习的不仅是如何发现鸟叫声或社交线索，还要学习觉察自己：他自己的身体状态和需求。

正如学习舞步的目的是帮助孩子在做动作时觉察自己的

感觉，在餐桌上与你一起动手、一步一步地做手工对注意力的根基也有同样的作用。从杂志上撕下图片和颜色，粘贴在一起制作拼贴画，或者从零开始自制橡皮泥（测量、混合、动手捣碎、塑形）都不仅仅是创造性的活动。其中的自我调节原理是，这些活动能帮助孩子根据内部感觉信息调整自己的意识，进而帮助他协调动作与姿势。

就像在正念瑜伽课上一样，关键的因素是放慢速度，强调你想让孩子练习的动作，就像你为有语言困难的孩子强调词语的发音一样。你要**真正**放慢速度，直到孩子能感觉到他相关的不同身体部位和每个动作的节奏为止。

当然，乐乐是一个特例：他生来就有很多感觉运动方面的困难，这使得他很难参与每个孩子都会自然参与的身体意识培养活动。但乐乐教给我们的更重要的一课是，每个孩子不仅需要弄清周围发生的事情，还需要确定发生在自己身上的事情，尤其是发生在自己身体里的事情。孩子在新环境里越有安全感，他就越能注意到他体内和周围发生的事情。

意识的觉醒：他们和我们的意识

到乐乐12岁的时候，他在自我调节和注意力方面已经取得了巨大的进步，可以停止药物治疗了。我们的目的不是让乐乐停药。不过他一直讨厌药物的影响，并且年龄已经足够大了，也掌握了所需的技能，可以监测自己的唤醒状态，并知道自己什么时候需要采取行动让自己平静下来了。

然而，我还从乐乐身上学到了重要的一课，也许是最重要的一课。

在我们最后一次会面时，乐乐在我说话时焦躁地在房间里走来走去，我承认我有些恼火，于是脱口而出："如果你连看都不看我一眼，我解释这么多还有什么意义？"然后他一字不差地重复了我刚才的话。一开始他不是这个样子的，但他现在已经适应这个世界了——只不过他没有按照我印象中的13岁孩子那样做事。

我越了解乐乐，就越意识到，当我们在努力了解一个孩子（或了解自己）的时候，我们永远都不能停止探索。这个道理适用于我们与所有孩子的互动。我们总是想当然地认为，孩子看世界的角度和我们一样：他们不仅会和我们一样，看到相同的细节，而且会做出同样的判断，持有相同的态度。如果我们给他们一个机会来讲述自己的体验，听他们说想说的话，我们可能会发现，他们的观点与我们完全不同。我们可能会惊讶地发现，如果我们能通过他们的眼睛看世界，而不是把我们的观点强加给他们，我们就可以学到很多东西。但最重要的是，我们要看见并重视孩子真实的自我，而不要用某种个人的、文化的标准来评价他们。

事实上，乐乐的外貌和行为与其他同龄孩子不同。他走路有点儿内八字；裤子有些提得过高；每天都穿同一件衬衫；总是戴着一顶被其他孩子取笑的、傻乎乎的帽子，但他却认为那顶帽子很酷。他会问一些有时听起来很奇怪的问题，但你仔细一想，确实又有些深意。他不太喜欢大多数同龄孩子做的事。

他的确有一些朋友，但不太多，而这些朋友似乎和他一样古怪。认识新朋友对他来说很有压力；如果他认识你，他绝对是个讨喜的人，但如果他不认识你，也很容易让你头疼。

我越是思考他的事情，就越纳闷：我们到底想要达到什么目标？肯定不是让乐乐更像其他孩子：改变他，让他"更正常"。不，我们想让他体验平静、清醒和学习的感觉。要让他知道自己什么时候紧张、什么时候疲惫，知道如何恢复能量，知道自己什么时候拉响了警报，以及知道如何关闭警报。很多时候，我们会把自己的需求和孩子的需求混为一谈：**我们试图让乐乐这样的孩子更好管理，而不是让他自我管理。**

我仍然认为乐乐就像一只蜂鸟，充满了焦躁不安的能量。他的"狂热"（可能连续一周或几个月突然沉迷某件事物）反映出他是一个渴望学习，并且有能力学习的孩子。我称他这样的人为"智力杂食者"——不断地发现新爱好，并要不断地满足新兴趣。他在恢复自身所需能量方面已经做得好多了，因此他更快乐了，大部分时间都是微笑、愉快的。

没错，他依然有他的起起伏伏（现在起比伏多），没错，他依然觉得某些社交场合很难应付。最大的不同在于，现在他知道自己什么时候会焦躁不安，知道怎么做才能让自己平静下来。

关键的因素是辛娅在家里和他一起做的自我调节。她会定时和乐乐一起做自我觉察练习。一开始她必须努力帮助乐乐意识到自己什么时候累了、饿了、冷了，甚至还要帮他意识到自己什么时候生病了。这些迹象对于她来说是很明显的，但要教乐乐认识这些迹象，让她觉得好像乐乐又回到了婴儿时期。也许这就是重点。也许乐乐还没有完全掌握这些意识的重要方面，也许他已经忘记了。也许过度的压力让他在婴儿期学会的东西变得生疏了。也许他只是需要我们看到他，支持他做真实的自己，而不是用他不能做到的那些事情来抨击他。

就在不久之前，还有许多孩子被诊断出有学习障碍，而他们真正的问题是听不清老师，看不见黑板。当然他们注意力不集中了。当然他们不能像其他同学那样学习了。由于担心失败，他们可能会通过行为发泄情绪，然后他们的行为就成了问题。正确的诊断能让他们得到需要的眼镜或助听器，这样一切都不一样了。现在回想起来，我们对这些孩子的严厉或忽视似乎是很粗暴的；而今天我们对那些容易分心，或者因为注意力根基有问题而非常冲动的孩子的反应，似乎也没什么不同。

第 8 章

社会性领域

看待社会性发展的新视角

这是一节幼儿园的课,就像我参观过的所有幼儿园课堂一样:喧闹、快乐、洋溢着活力。有几个孩子牢牢地吸引了我的目光。我立刻意识到,这些孩子的行为告诉了我一些重要的事情,只是我花了一些时间才想明白是什么。

第一个吸引我注意的是一个小男孩,当孩子们在教室里时,他从不放开老师的裙子。无论老师走到哪里,他都尾随其后,而老师甚至没有意识到他的存在。后来我向老师提起这件事时,她很惊讶:这个孩子常常待在她身边,她已经几乎注意不到了。

第二个孩子是一个专横的小男孩,他似乎自封为班上的二把手了。我看到他告诉其他孩子他们用错了颜色,该怎么拿蜡

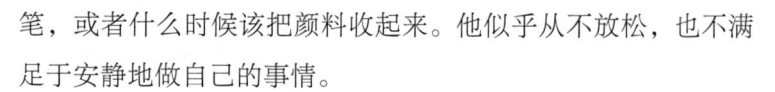

笔，或者什么时候该把颜料收起来。他似乎从不放松，也不满足于安静地做自己的事情。

第三个孩子是一个独自坐在角落里看书的小女孩。更准确地说，她是在假装看书。她一边翻书，一边说着脑子里想到的任何话。我看到一位助教走过去，站在她身旁，问她这本书讲的是什么。那孩子的脸上闪过一丝惊慌的表情，但立刻又埋下头看书了。

观察这些截然不同的孩子很有意思：第一个孩子十分渴望接近成年人；第二个孩子把自己当作了成年人；第三个孩子则回避与成年人接触。我尽可能谨慎地观察了他们一上午。我观察到的最有趣的事情之一，就是孩子们聚在一起唱歌。老师用一个交互式白板显示歌词，这样孩子不仅能从唱歌中获得生理上的益处，还能提高自己的阅读能力。孩子们都很投入，大声喊出接下来他们要唱哪首他们最喜欢的歌。除了那三个小孩。

我不确定问题是不是他们不识字，还是教室对他们来说太吵闹了，还是他们只是跟不上节奏。但无论问题是什么，很明显的是，这三个孩子觉得唱歌这事很有压力。我可以看到那两个小男孩含糊地念歌词，每隔一段时间能唱对一句——有点像我用法语唱加拿大国歌，又不想让周围的人注意到我不知道全部歌词。与此同时，那个小女孩已经蜷缩到了一个角落里，似乎想让自己消失。她一直坐在那里，盯着屏幕，一声不吭，脸上一副紧张的表情。

课间休息的时候，这三个孩子和其他孩子一起跑到外面去了，但一点兴致都没有。第一个小男孩，那个紧挨着老师的小男孩，想和一群孩子一起玩地上的一只脏袜子。在我看来，这个游戏就是看谁有足够的勇气去碰那只袜子。孩子们一个接一个地靠近那只袜子，然后尖叫着跑开。这个小家伙试图表现得像其他人一样开心，但我怀疑他和我一样不知道这个游戏的意义是什么。其他孩子只是在犯傻，而他看起来很尴尬。最让人难过的是，其他孩子根本没注意到他。不难理解为什么他一有机会就会拉住老师的裙子，他社会性唤醒水平肯定特别高。

第二个小男孩径直走向操场上的低年级学生，和四五岁的孩子一起玩。他们正在建造一座城堡——更确切地说，那些年幼的孩子正在建造城堡。他在发号施令。

小女孩一个人走到秋千那儿，低着头，慢慢地前后荡着秋千。看到这幅景象，一位老师走到她跟前，拉着她的手，把她带到了一群正在玩捉人游戏的孩子面前。但当老师一离开去照顾另一个孩子时，小女孩就径直回到了秋千上。在整个课间休息期间，我没看到她和任何一个孩子说话。课间休息结束后，她一声不响地走回了教室。她对于自身社会性唤醒的反应是退缩到自己的世界里，避开她可能从周围的成年人或其他孩子那里得到的支持。

这三个孩子在应对幼儿园的社交要求方面都有些困难。父母都担心自己的孩子是否拥有良好的社交技能：知道别人的感受和想法；交朋友；知道什么时候向朋友或老师求助。甚至在孩子还不会走路之前，我们就会带他们去公园，或者和朋友一起玩，试图教会他们这些技能。但通过观察这三个孩子，很容易看出社交技能中还包含着一些更基本的东西。

有些孩子比其他孩子更容易掌握这些技能。如果你考虑到人类大脑在来到这个世界的时候，就准备好了与其他大脑建立联结——正如脑间联结告诉我们的那样——这种差异就更令人费解了。但是，有些孩子只能和父母社交，而不能和其他孩子社交；有些孩子只能和熟悉的孩子社交；还有些孩子根本无法社交。当然，我想了解的是，为什么这种情况会发生在这些特定的孩子身上，以及更重要的是，我们能做些什么来帮助他们。仅仅告诉这两个小男孩，看着、倾听其他的孩子有多么重要，并不能帮助他们融入同伴群体；强迫那个小女孩加入群体也不会对她主动参与集体活动的意愿产生丝毫影响。

人际联结的纽带：神经觉

我们需要他人。我们的大脑需要其他大脑。不仅在婴儿期如此，在我们的一生中都是如此。但出于同样的原因，其他大脑也会给我们带来沉重的压力。同一种现象为什么会产生如此截然不同的效果呢？答案就在伟大美国生理学家斯蒂芬·波格斯（Stephen Porges）所说的"神经觉"（neuroception）中。神经觉是指大脑深处的一种系统，用于监测人和情境是否安全，或者是否具有潜在的威胁。

我会用斯蒂芬发给我的一段录像来让父母和老师一窥神经觉在真实情境里的样子。八个月大的豆豆正在聚精会神地看着妈妈，他正在开心笑着，发出咯咯的笑声。这时，妈妈突然擤了擤鼻涕。他立刻被吓到了。但这只持续了片刻，妈妈用安抚的声音和灿烂的微笑来回应他，让他又露出了笑容，发出咯咯的笑声。但接着她又擤了擤鼻涕，同样的情景又发生了。这个情节重复了四次，每次结果都一样，然后妈妈使劲擤了擤鼻子，豆豆的反应总是能引起观众的大笑：他眼睛睁得大大的，惊讶和恐惧交织在一起。他猛地向后一抽，如果不是因为高脚椅子上的安全带，他就会摔下来。这是一个有力的例子，说明了在一个甚至还没有学会走路的婴儿身上，"战或逃"反应都能如此强烈。

我们和我们的婴儿会一直经历这样的事情。在这种时候，有意识的判断不起作用：婴儿的反应是由大脑中央的报警系统控制的自动化反应。当这个系统意识到危险的时候，它就会触发我们在第 1 章讨论过的所有内在过程，以及其他外在过程：婴儿的眼睛和嘴会张得大大的，会扬起眉毛，绷紧鼻子，挥舞四肢。当报警系统意识到安全时，它会发送一条信息，让眼睛和脸颊周围的肌肉收缩，让身体放松，并露出笑容。

这是脑间联结的一个重要功能：关掉警报。婴儿大脑的额叶部分在生命的最初几年生长得最为迅速，这个部分容纳了能帮助我们让自己平静下来的系统：这个系统能在孩子受惊四次之后告诉他，妈妈擤鼻涕只是因为她感冒了，或者汽车报警器时不时地响起，只是因为报警器出故障了。照料者——外部大脑必须在早年间负责关闭孩子的警报。他在关闭孩子的警报时，越轻柔、越前后一致，婴儿的"学习型大脑"就越能保持活跃，这样婴儿就能理解语言、面部表情这些事物的含义，感冒和汽车报警器也不在话下。

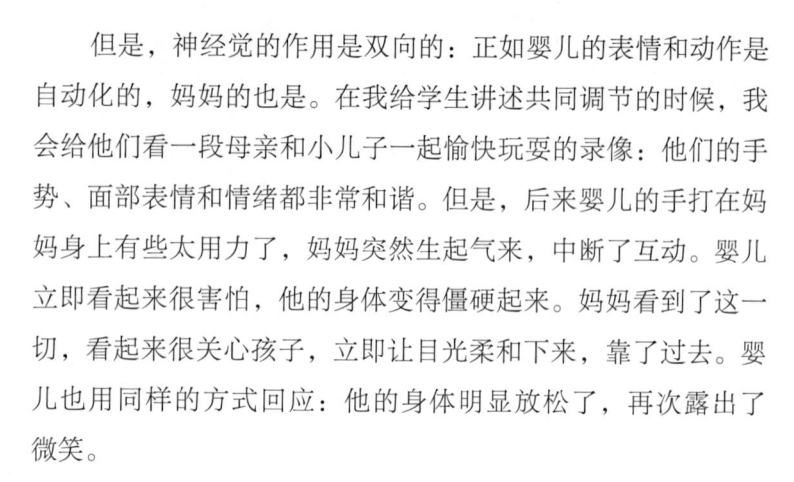

但是，神经觉的作用是双向的：正如婴儿的表情和动作是自动化的，妈妈的也是。在我给学生讲述共同调节的时候，我会给他们看一段母亲和小儿子一起愉快玩耍的录像：他们的手势、面部表情和情绪都非常和谐。但是，后来婴儿的手打在妈妈身上有些太用力了，妈妈突然生起气来，中断了互动。婴儿立即看起来很害怕，他的身体变得僵硬起来。妈妈看到了这一切，看起来很关心孩子，立即让目光柔和下来，靠了过去。婴儿也用同样的方式回应：他的身体明显放松了，再次露出了微笑。

在整个片段中，妈妈和婴儿的表情一样，都是自动化的。刚开始时，两人都有愉快的表情——发亮的眼睛和微笑。凭借着眼神的光芒、话语的节奏和音调，以及爱抚，照料者成了唤醒的重要来源，能够上调婴儿的唤醒水平，让他进食、玩耍、学习。但后来妈妈鼻孔张开，眉头紧锁；婴儿的眼睛和嘴也张得大大的，眉毛上扬；妈妈皱起眉头，眯起眼睛；然后他们又恢复了愉快的表情、闪亮的眼睛，露出了微笑。这种不可思议的、精细的表情之舞在他们的脸上上演，从共同的唤醒状态到愤怒、恐惧、关切，然后在短短几秒钟就回到了快乐。

通过他们的面部表情、手势、动作、姿势和声音，他们不仅能向彼此传达自己的感受，还能引发彼此的感受。一开始，我们看到了相同的情绪：他们俩都很快乐；然后他们进入了不和谐的情绪状态——妈妈生气，婴儿害怕；然后就轮到婴儿生气，妈妈害怕了；接下来，他们又回到了一种轻松又快乐的同一状态。从生理上讲，他们从最佳唤醒水平进入了短暂的过度唤醒，然后又恢复了平静。

我们很难用"共同理解"来描述这里发生的事情——这是一个更原始的共同调节过程。在这个过程中，每个人都会对对方的感受自动做出反应，既包括行为上的反应，也包括身体上的反应。事实上，这也是学会"读心"的基础——这是一种通过他人肢体语言来了解他人想法和感受的能力。

神经觉是一种纽带，不仅能将两个个体联结在一起，还能将全体人类联结在一起。这个系统支撑着共同调节与安全感：**一个人与另一个人的安全感**。神经觉能激活一些内在过程，来处理威胁和表示痛苦的外部行为信号。当我们看到某人处于痛苦之中时（我们的边缘系统会与他人产生共鸣），这个系统也会激活一些内在反应和外部行为，以安抚处于痛苦中的那个人（我们会微笑，给予安慰的目光或手势）。如果这个核心系统平稳运行，两人之间就会建立安全型依恋或友谊；如果这个系统受到阻碍或有太多故障，就可能对孩子的社会性发展产生深远的影响。

社会性联结与无表情实验范式

观看无表情实验范式，就像观看婴儿豆豆看妈妈擤鼻涕被吓坏了一样。无表情实验对于婴儿来说很难熬，但特罗尼克（Tronick）已经证明，对于年龄较大的孩子来说，这项实验的压力也不小。事实表明，这对母亲来说也一样艰难。特罗尼克的一位研究助理做了另一个版本的无表情实验，她在实验中让

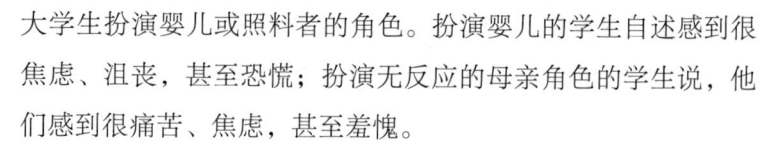

大学生扮演婴儿或照料者的角色。扮演婴儿的学生自述感到很焦虑、沮丧、甚至恐慌；扮演无反应的母亲角色的学生说，他们感到很痛苦、焦虑、甚至羞愧。

但是，你不需要成为实验室的负责人，也能了解这些学生的感受。我们中有多少人曾走进老板的办公室，以为自己做了一件出色的工作，会得到老板的祝贺，却被老板怒目而视？此时我们的大脑让我们处于高度戒备状态，我们会立即进入"战或逃"状态。你也可以想一想，如果你试图谈成一笔交易，但对面的人什么都没说，你会有什么感受。这是一种常见的讨价还价策略：让别人感到不安，他们就会开始说得太多、泄露太多。甚至还有些"约会指南"宣扬情感操纵和被动攻击的行为技巧：如何用不回应甚至敌意来获得控制权。可是，为什么一张愤怒或毫无反应的脸会让我们不安、失去自控力呢？

当然，我们对这类"社交威胁"的反应不尽相同。我们中的有些人会一笑置之，耸耸肩，而另一些人会拉别人的裙子或躲到角落里。我们各自的反应是我们独特的生理气质和社交经历结合的产物，从我们婴儿时期就出现了，远在我们进入幼儿园之前。

我们在这里看到的，就是**社会性唤醒**的作用。有些成年人觉得任何形式的互动都压力过大，以至于他们避免任何形式的社交活动，甚至避免与家人和朋友社交。还有些人渴求只有在社交场合才能获得的能量。但无论我们的"社会性唤醒度测量仪"设置在哪个水平上，我们的神经系统都在不断地寻求安全感。如果神经系统感觉到安全，我们就会根据情况的需要，感觉到平静、清醒或者放松。如果神经系统感觉到威胁，我们就会感到紧张、不安、疲惫。在后一种情况下，我们可能会像无表情实验中八个月大的婴儿一样，试图唤回没有回应或令人不安的伙伴。如果这种做法失败了，我们就会变得冷漠、混乱，或者连看一眼对方都觉得很难，更不要说和对方交流了。

也许这个系统最引人注目的地方是它如何**在意识觉察的阈限之下**监测一个人的肢体语言——语气、手势、面部表情。可以说，这些社交线索是我们难以觉察的。事实上，这种无意识的监测系统对互动的影响，远比语言重要得多。有一次，我在和一位校长开会，她很想让她的学校加入我们的"自我调节"倡议。正在这时，一个九岁的小女孩小蕾被带进了她的办公室，因为她扰乱了课堂的秩序。看来，这是他们和小蕾之间一直存在的问题：她会调皮捣蛋，并试图让同桌的其他孩子也这样做。他们已经警告过她好几次了，还换了她的同桌，但这已经是她第二次被送到校长办公室了。

接下来发生的是一个神经觉发挥作用的绝佳例子。校长非常在意我在现场，事实上，她还把我介绍给了这个小女孩，说我是专门研究她这类问题的医生，并且说了所有正确的话：她说她想解决这些行为问题，帮助小蕾改过自新、成为让父母引以为傲的孩子。她甚至还谈到了过度唤醒，以及孩子需要意识到这种情况，并知道如何让自己平静下来。然而，这一切的问题在于，校长通过她的肢体语言传达了一条截然不同的信息。她皱着眉头，声音刺耳，手指在桌上敲来敲去。我能看出小蕾对这种非言语攻击感到害怕，然后她僵住了。我很清楚，她没听进去多少校长刚才对她说的话:她脸上的血色已经消失了,最后还得有人催促她保证不会再这样做了。

小女孩离开后——更确切地说,是逃离后——校长转向我,一脸懊恼地问:"我拿这样的孩子该怎么办?"我把她的问题当作是她在真的请我一起做头脑风暴,而不是在表达她的沮丧(也许还有失望)。我说,这个孩子似乎对语气、面部表情和手势特别敏感,并谈到了让她保持平静、专注和清醒有多重要,因为这样才能让她明白校长试图表达的意思。我们探讨了小蕾为什么会有这个问题:我们俩很快就意识到,这不仅是缺乏社交意识和人际交往能力的结果,也与她在身体和情绪唤醒方面的问题有关。但是,我们心中的问题是如何提高她在社交中的舒适度。

事实证明,这位校长极好地展示了这么一件事:一旦我们意识到自己一直在无意中做什么,我们的肢体语言就会发生迅速的变化。一夜之间,她和小蕾的互动就发生了变化。但这不是因为她有意识地把双手放在了膝盖上,而是因为**她突然开始用完全不同的眼光看待小蕾**。以前她觉得这个小女孩的行为让人恼火,现在她意识到了这个孩子的压力有多大,于是立即放低了音量,并且不再瞪着小蕾了。

"社会性动物"需要社会互动——有时也会害怕互动

当然,也有一些人会利用我们在类似无表情实验的情境中所感受到的不适。可悲的是,有些人会故意操纵我们都有的这种社会互动需求，但这些人并没有像那些扮演无反应照料者的大学生一样感受到苦恼，他们反而会产生一种权力和控制感。为什么他们会有这种极度自私的冲动，为什么这种冲动与社会参与的基本需求如此相悖？这个问题的答案很复杂，并最终会将我们带入下一章的亲社会领域。但这个问题的切入点在于神经觉，在于已经倾向于"战斗"的压力-反应系统。

强势的人习惯于把他人视为威胁：表现出色的员工会要求加薪；与自己谈判的女商人会试图利用自己的弱点；酒吧里的美女会拒绝自己的求爱。就像在无表情实验中，八个月大的婴儿会变得愤怒一样，这些人会变得具有攻击性。他们会努力保持强势地位，以此来应对他们在社交场合总是感受到的焦虑。

相反，那些习惯于顺从的成年人，或者回避所有社交活动的人，并不是因为他们生来被动或"天生害羞"。出于某种原因，陌生人会让他们肾上腺素激增，而这会引发逃跑反应，并让他们很容易陷入僵住状态。他们对退缩的需求不仅是情绪上的，也是生理上的：这是一种促进副交感神经功能的防御机制。

这些模式很难打破，原因很简单，因为这些模式已经根深蒂固了。我在幼儿园看到的那个独断专行的小男孩并不是生来如此。我不认为他只是把他在家里经历的事情表现出来了（虽然很可能这是一个影响因素）。更确切地说，他对自己周围微妙的情绪波动感到困惑；他越感到不确定，就越强势。那个逃到操场边上的小女孩不是单纯的"社交焦虑"，而是在试图用她唯一知道的方式减轻压力。

这一现象有助于我们理解社会互动的重要悖论。我们的确是社会性动物：我们来到这个世界上时，我们的大脑不仅能接受另一个大脑，实际上还需要另一个大脑才能获得安全感。婴儿会发出需要帮助的信号，照料者则发出表达帮助的信号作为回应。如果照料者无法发出这些信号，也许是因为他觉得婴儿的需求让人困惑，结果就可能导致婴儿多个领域的过度唤醒：生理、情绪、认知和社会性领域。

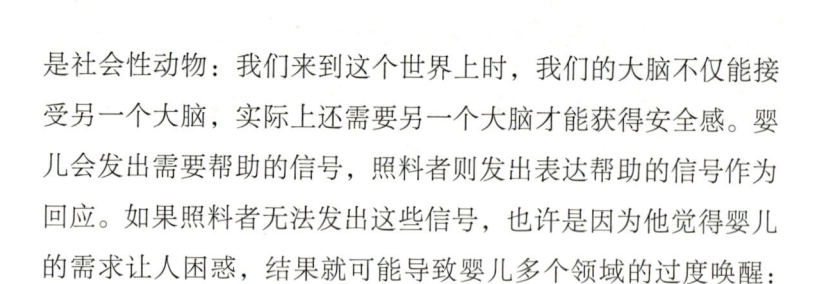

有一对年轻夫妻曾向我倾诉他们的焦虑，因为他们九个月大的儿子扎克曾在他妈妈哭泣时发笑。"这是不是意味着，"父亲问道，"我们的儿子有虐待倾向？"我尽可能温和地解释说，这只是对妈妈哭泣的自动化反应，妈妈的哭触发了扎克的报警系统。这是一种恐惧反应，扎克要再过几年才能调节自己的情绪反应。当他们理解这一点时，我可以真切地感觉到（而不仅仅是看到），他们的紧张情绪放松了。其他的自动化反应也是如此，比如愤怒。尽管很多父母很难理解，但这也是对感知到的威胁的一种原始反应。我记得有一位母亲，当她的小女儿生气时，她就会特别难过。我们必须帮助她意识到，她需要保持冷静，让反应变得柔和一些。问题是，当父母对婴儿的愤怒做出愤怒反应时，就会强化孩子神经觉的威胁感，而这种威胁感正是最初导致愤怒的原因。

社会性威胁触发求生型大脑模式，以及战斗、逃跑、僵住反应

如果这种不良的沟通成为习惯，孩子就会在害怕的时候回

避他迫切需要的东西：照料者的安慰，或其他孩子和成年人的安慰（在年纪大些的时候）。他会把注意力转向内在，转向自我。这也是我们进入"战或逃"状态的原因：大脑已经放弃了人类演化出来的、能够应对威胁和社会参与的适应性机制，转而采用一种更原始的、保护孤独动物的机制，即所谓的**求生型大脑模式**。

这就是"战或逃"状态的感觉：只能依靠自己，迫切地想要逃跑。如果孩子有这种感觉，他们就很难用语言来交流，但我们可以为他们找到一些非言语的沟通方式，帮助他们在这种情况发生时告诉我们。我记得有一个小女孩，她有个好听的名字，叫朱尼珀，但大家都管她叫"祝你破"。当她感觉受不了时，就会把她的一个玩偶单独放在玩偶屋的一个角落里，这样妈妈爸爸就知道了。

在"战或逃"状态下，即便是最温和的社交行为也可能被视为威胁。你还记得在晚上情绪崩溃的小西吗？她告诉我的一件事是（事实上，告诉过我好几次），她妈妈需要停止对她大喊大叫。但我目睹过小西生气的情形，而她妈妈甚至没有提高过音量，更不要说大喊大叫了。但这就是小西的感受！当小西愤怒地叫妈妈别再大喊大叫时，马莉的确提高了音量，因为她太沮丧了，而且就这件事而言，她被这种不公平的指责伤害了，还是当着我的面。

我们不要试图与有这种消极倾向的孩子讲道理，试图去管教他们则更糟糕。我们必须让他们回到**社会参与状态**，为了做到这一点，我们必须重建他们的安全感。脑间联结的首要职责是**让孩子感到安全**，在很长一段时间内都是如此，这一点是值得重申的。这一点适用于生活中的所有关系，而不局限于亲子关系；但在抚养孩子的过程中，这一点尤其重要。

如果这里的问题只是与在社交互动中感到安全、愉悦有关，我们可能会就此打住：有时你会觉得舒服，有时你会觉得不舒服，这就是生活。但我们已经看到，除了主观体验，这个问题还牵涉了更多的方面：社会性唤醒对于自我调节的所有其他领域都有很大的影响。如果孩子感受到威胁，可能导致交感神经系统过度活跃（愤怒、攻击、躲避或逃跑），也可能导致副交感神经过度活跃（退缩、麻木）。这种失调可能会对孩子的紧张感、情绪、自我觉察能力产生深远的影响。当孩子感到安全时，他所感受到的恢复性状态不仅仅是愉快的，而且是一种可以学习和成长的状态。在这种情况下，成长是具有社会性意义的：使孩子拥有能应付日益复杂的社会性挑战的技能。

来自火星的人类学家

到目前为止，我们已经探讨了平静、专注和清醒状态对于生理、情绪和认知上的恢复、成长过程有多重要；而事实证明，这种状态对于社会性成长过程同样重要。这里有一个类比：高强度健身之后的恢复阶段非常重要。每个健身爱好者都知道，健身最重要的部分就是健身后的恢复阶段。当肌肉受到稍稍超出其舒适区的挑战时，你需要给予肌肉恢复的机会，这样它们才能生长。社会性成长也是如此。我们需要有机会思考那些我们觉得困难的社交情境。但是，对当今很多孩子来说，社交媒体要求他们始终"在线"。这意味着他们没有足够的空闲时间去思考他们何时以及为什么会感受到威胁，而这种思考对于社会性成长来说是至关重要的。孩子的社交活动只剩下了短信和屏幕，他们因此错过了面对面社交的重要方面。在面对面社交中，肢体语言和面部表情、语调、言语交流节奏和物理环境等方面的细微变化，都对社会参与、社会学习和成长十分重要。

确实，将生理、情绪、认知、社会性成长区分开来有些误导人，因为这些都是不可分割的，事实上也都只是自我调节的不同方面。如果孩子感到安全，他就会喜欢互动，可以更长时间地关注他的照料者或其他人。他对他人注意得越多，就越能识别社交模式。这种模式识别实际上是大脑的本能，能够让他通过某人的面部表情、声音或手势来预测对方要做什么。这样一来，孩子就能表达自己的愿望和欲求了：随着他社会性的发展、沟通技能的提高，这些愿望和欲求会变得更加复杂。

我们用于教学的另一个令人震撼的视频，展示了一位与我们合作的父亲和他的小儿子一起躺在床上时发生的事。他俩在玩那个互相做鬼脸的经典游戏。他们俩都从这项活动中获得了极大的乐趣，但不到一分钟，婴儿就厌倦了，把头转开了。父亲意识到儿子需要休息一下，于是放松下来，耐心地等待他回来——30多秒后他就回来了。然后他俩又开始了游戏，对彼此的滑稽表情哈哈大笑。

然后，我们把这段精彩的双人互动与两个月前他们第一次来见我们时拍摄的一段录像进行了对比。他们当时在做同样的活动。但那一次，当儿子将脸转开的时候，爸爸做出了侵扰性的回应。尽管儿子明确表示他需要休息，父亲仍非常想继续互动。我们看到婴儿变得越来越焦躁不安。不过，也许整个片段中最让人心酸的部分是此时父亲脸上的表情：你可以很容易看出他被拒绝的感受。

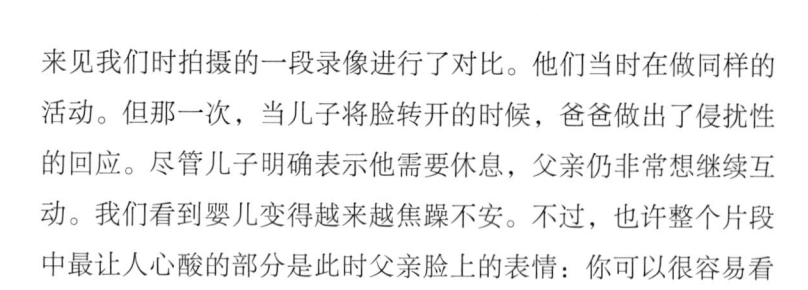

刚来的时候，他们俩相处很不合拍，这对他们俩来说都很困难。我们需要让他们合拍，以促进婴儿的社会性大脑发育。随着婴儿大脑的成熟，他不仅能忍受更长时间的互动，还会渴望互动。通过跟随儿子的引导，根据孩子的舒适水平调整刺激量，父亲所做的不仅仅是花了几分钟和孩子相处。

我在上面描述的"微调之舞"会变得越来越复杂。这不是一个自然成熟或先天的现象，而是一种习得的行为：这是更长时间的社会参与和更复杂的互动的结果。孩子会从特定的面部表情、声音、手势和语言中了解到接下来会发生什么。就像从方步舞学到探戈一样，孩子学到的技能，例如"读心""心理展示"（学习如何通过面部表情和手势来**表达**我们的感受）和语言能力，能让他与更多的"舞伴"共舞。

神经觉能创造一个安全地带，让社会性成长成为可能。这个过程与孩子的情绪成长相似，事实上，它与孩子的情绪成长也是密不可分的。

如果出于某种原因，孩子觉得社会参与很难，这个学习过程就会受到影响。孩子会被超出他社交能力的情境弄得不知所措，他可能会做出攻击性的反应，或者从这种情境中退缩。

这样的反应会进一步加剧他的社会性缺陷，因为他需要参与更复杂的互动，才能发展出更高级的"读心"和"心理展示"技能。

对于这样的孩子来说，问题在于对他的社会性期望会大大增长，而他却不能满足这样的期望。他无法从陌生人脸上读懂他们的感受，也无法理解谈话中的转折与言外之意。他不能理解为什么自己的言行会导致对方脸上的恐惧、愤怒或被逗乐的反应。除了他，似乎群体里的每个人都明白发生了什么事，每个人都会对笑话发笑。这就是坦普尔·格兰丁（Temple Grandin）在说自己像是"来自火星的人类学家"时所描绘的世界。这是许多孩子都有的一种感受。这些孩子没有被温和地引导着去理解社交，而是遭到了严厉的，甚至是惩罚性的反应，这让他们进入了一种严重的社交焦虑状态。

这正是发生在小蕾（那个和我一起坐在校长办公室的小女孩）身上的事情。她难以理解全班人的微妙情绪。老师会说一些有趣的话，除了她的每个人都会哈哈大笑。然后，为了掩盖这一点，她就会四处胡闹。她知道，通过装傻，她可以让其他孩子也犯傻，这样她就能觉得自己是群体的一分子了。但你可以看到，她长期处于一种社会性唤醒状态，而这种状态因为她惹了太多麻烦而越发严重。

这是许多孩子已经习惯的一种状态，一种我们许多人都已习惯的状态。在许多情况下，孩子会发展出应对技能，甚至可能在某些方面极为擅长，这种能力就可能成为一种独特的应对策略。事实上，这就是为什么许多长期处于社会性唤醒状态的成年人在工作中表现出色的原因：这是一个人在感觉不自在的环境中成功应对的方式。然而，焦虑总是存在的，就像背景里持续不断的噪声。慢性社会性唤醒状态的影响是很明显的：睡眠或进食问题、没有明确原因的身体疾病、人际关系问题、整体的不适感，或者更糟的情况。

詹姆斯：追踪社会性领域的成长

你一见到詹姆斯就会喜欢上他。他是个很有魅力的16岁孩子。詹姆斯有1.8米高，有着浓密的棕色头发和棕色眼睛，精瘦而肌肉发达，就像我祖母过去对我的某个朋友的形容，他似乎"很从容自在"。他会看着你的眼睛，坚定地握着你的手，告诉你他看见你有多高兴，并且专注地听你讲话。他是那种能让你立刻感到很舒服，让你信任的人。很难相信，这个有魅力的年轻人曾是一个焦躁不安的婴儿，一个爱哭的幼儿，一个多动的学生，交不到朋友，也不能在沮丧时保持平静，基本上很难远离麻烦。

从很小的时候起，詹姆斯就渴望有玩伴，但他不知道如何与其他孩子相处。他妈妈曾说过，她试着让他一开始只和一个孩子一起玩，于是邀请了另一位母亲朋友和她的儿子在下午一起玩。但最后，三岁的詹姆斯狠狠地打了那个孩子的后背，这对母子逃离了他们家，让詹姆斯失落了好几个小时。

詹姆斯的早年充满了这类事件。妈妈尝试让他去参加童子军，但见面三次后，领队让他把詹姆斯带回去等一两年，并解释说："他还没准备好。"在夏令营，甚至市里最高级的日托中心也发生过同样的事情——尽管詹姆斯已经在那里待了一个月,中心主任还是说詹姆斯应该"寻求一些帮助"。用妈妈的话来说,幼儿园"从一开始就是一场灾难"。

然而,詹姆斯本身是一个非常可爱的孩子,渴望讨人喜欢,在几乎所有方面都很听话(除了关掉电视)。然而,只要把他和其他孩子放在一起,他似乎就会崩溃。不出几分钟,他就会大喊大叫,推搡别人,甚至更糟。不幸的是,成年人对这种行为的反应总是生气:坚持把他排除在社交活动之外,剥夺他在这个领域发展最需要的经验;更糟糕的是,他们会惩罚他,甚至羞辱他。然而,正是在三年级时发生的一件事,让这家人前来寻求我们的帮助。他被送到了学校心理医生那里,因为他在操场上无故挑起了一场打斗。这已经是那个月第三次出现这种情况了,这位心理医生说,如果这种行为得不到控制,就可能导致"全面的品行障碍"。

在与心理医生的这次见面之后,他的父母莎伦和戴夫做的第一件事就是赶紧回家,在网上尽可能多地阅读有关"品行障碍"的信息。他们读得越多,就越紧张:这些孩子更有可能过早地辍学,可能会吸毒,最终可能会被送进司法系统,或患上某些精神疾病。他们约见了我们的临床团队,希望我们能"想出一种办法,给他一个不一样的未来",戴夫严肃地这样说道。

唯一明显的一点是,詹姆斯在"读心",或者说觉察非言语线索方面有很大的困难。我们没发现任何感官上的困难:他是个正常的九岁孩子,似乎只是无法注意到我们通过手势和语气传递给彼此的微妙信息。这当然可以解释为什么詹姆斯会觉

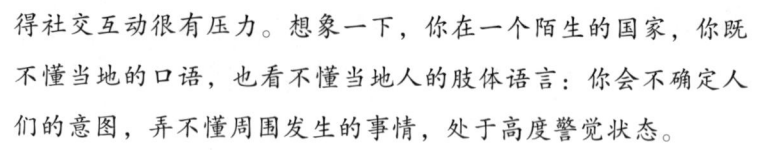

得社交互动很有压力。想象一下，你在一个陌生的国家，你既不懂当地的口语，也看不懂当地人的肢体语言：你会不确定人们的意图，弄不懂周围发生的事情，处于高度警觉状态。

詹姆斯显然很难理解其他孩子的意图，因此在其他孩子身边时他感到焦虑。有些孩子在这种情况下会变得非常孤僻，有些则变得缺乏反应，有些会逃离社交场合，还有些孩子会变得多动或反应过度。在某些情况下，这样的孩子会变成"表演者"，试图"取悦"其他孩子，从而不必真正与他们交流。或者，就像詹姆斯一样，他们可能在不同的时候做出上述所有的行为。

詹姆斯觉得上学尤其困难。考虑到那是一个十分令人紧张的社交环境，这并不奇怪。他往往在课堂上沉默寡言，在操场上咄咄逼人。这可能是因为他受到了无情的取笑。其他孩子已经知道怎样让他大发脾气，然后看着他陷入麻烦。有时他会逃跑，结果有一天校长打电话来抱怨说，她没有足够的人手来盯着他。莎伦告诉我，这不是一个友好或关心的电话：校长显然对这个"无法控制自己"的孩子很生气。此外，校长愤怒的语气只会让莎伦更加觉得自己是个失败者。"我觉得自己被人骂了，因为我是一个糟糕的家长。"

在詹姆斯婴儿时期的家庭视频中，我们能看到他父母看到的他——像是有两个完全不同的孩子：第一个孩子在和父母一起玩的时候通常很平静；另一个孩子则看起来很迷茫，难以融入社交活动，比如生日聚会和感恩节聚会。看着莎伦和戴夫在我办公室里如何与詹姆斯互动是很有意思的：他们说话轻柔而缓慢，没有太多的手势或微笑，每当詹姆斯在回答问题前停顿时，他们都会非常耐心地等待。他们三个人的节奏很优美，让我想起了华尔兹。很明显，即使在最初的日子里，在寻求我们帮助之前，莎伦和戴夫已经凭直觉知道要减少他们的非言语线索，以便让詹姆斯在互动中保持专注。我注意到，如果我们的员工对詹姆斯过于热情，他很快就会受不了。我怀疑，这就是他在学校里发生那些事情的原因。太多的孩子、太多的情绪波动、多人的互动进行得太快了——这些让他跟不上，更不用说那些他为了融入群体而做的笨拙尝试所带来的影响了。

在孩子必须应对的各种"威胁"中，尤其困难的是不知道别人接下来要做什么、自己下一步应该做什么，或者不知道每个人都在笑什么。这可能就是詹姆斯经常打架的原因。当这种事发生时，尝试跟他讲道理是没有用的。他会说是另一个孩子先挑事、先打他的。目睹了这一切的老师自然会很生气。最重要的是，这意味着经常有人指责詹姆斯通过撒谎来避免麻烦。

毫无疑问，这种指责是有一定道理的，如果你仔细想想，似乎还很有道理。但没有人想到的是，詹姆斯所说的正是他感觉到的事情！他可能不是为了避免惹上麻烦而"胡编乱造"：他可能原原本本地讲述了他所感觉到的事情。消极倾向对事实的扭曲会带来一大问题：即使孩子对事件的描述与事实相去甚远，但这在很大程度上就是孩子对这件事的体验。当警报拉响的时候，即使最无辜的行为也可能被视为威胁。一个孩子开玩笑地推搡一下，过度唤醒的孩子就会打回去，因为他认为这是一种攻击。或者，当老师告诉他要等轮到他的时候才能行动，他会开始哭泣，因为在他心里，他刚刚挨骂了，他的老师讨厌他。

在小詹姆斯要面对的所有挑战中，最大的挑战就是他在学校里总是惹麻烦。他经常在午餐时间或课间休息时被关禁闭；有几次他还被停学了；在三年级时，他还被开除了两天。他是个捣蛋鬼的消息传开了，影响了老师对他的看法和期望。无论他在做什么，老师看他的时候脸上都在无意间带着严厉的表情。每当教室里有什么骚乱，詹姆斯总是第一个被叫出来的。

似乎一年比一年更糟，但直到五年级时，他才真正开始崩溃。他几乎每天都要在大厅里罚站，或者被送去校长办公室。他每天早上醒来都害怕去上学，每天放学回家时情绪都很低落。因此，莎伦和戴夫决定做一些大胆的尝试。第二年，他们让詹姆斯转学到了一所参加"自我调节"倡议的学校。"自我调节"倡议是一项全国性的活动，旨在将自我调节融入教育的各个方面，包括孩子、教师、行政人员和父母。在新学校，詹姆斯找到了一个由孩子、老师和一位富有同情心的校长组成的新集体，这位校长决心要帮助这个小男孩。她似乎凭直觉就能理解詹姆斯。这位校长建议詹姆斯去和一位教育助理合作，这让他在六年级发生了令人惊讶的改变。

这位教育助理泰拉先生是我见过的最温和、最有耐心的人之一。从一开始，他就采取了这样的态度：他会帮助詹姆斯以他觉得舒服的步调学习，但要做到这一点，詹姆斯就必须信任他。他从不会大喊大叫，永远不会施加压力，尽管会提出限制，但这些限制会以詹姆斯能清晰理解的方式执行。也许最重要的是，他天生就像莎伦和戴夫：轻声细语、慢条斯理，不做手势,也不四处走动,非常有耐心。

老师们都了解詹姆斯的情况,大家一致同意,只要泰拉先生觉得有必要,詹姆斯就可以离开教室。起初,这种情况经常发生:詹姆斯和泰拉先生会安静地站起来,在学校里走一圈,只是放松心情,直到詹姆斯准备好回去为止。只是知道自己有这种自由,就能产生一种奇妙的镇静效果。他离开教室的冲动也越来越少了,到了圣诞节就完全消失了,他对老师的违抗情绪也消失了。

在他们的工作中,泰拉先生首先找到了詹姆斯真正感兴趣的东西,结果发现是第二次世界大战。很快,詹姆斯就开始如饥似渴地阅读,并迷上了历史。接下来要面对的是一个巨大的挑战:数学。各种各样的数学游戏的结果表明,詹姆斯的焦虑是他在数学上遇到那么多困难的主要原因。在他看来,与其尝试后失败,不如干脆不去尝试。但他很快也准备好学习数学了。詹姆斯的自信突飞猛进。在非常短的时间内——我是说,这的确非常惊人——他的成绩不仅达到了这个年级应有的水平,甚至还开始出类拔萃。这一切怎么可能呢?答案是,泰拉先生让他感觉到了安全,而他越是觉得安全,就越能在课堂上集中注意力。但很快,更了不起的事情发生了:詹姆斯开始建立人际关系了。他开始融入班集体,与其他孩子相处得很好。原本看似社交能力低下的问题,实际上是一种更广泛的神经觉上的挑战。以前,他很少在老师那里体验到那种与父母之间的那种有益的交流,他在学校里感到高度焦虑,导致他看到了实际上并不存在的威胁。

问题是，在学校里，他过去被骂得太多了，惹的麻烦也太多了，也曾被迫道歉或承认自己犯的一些错误，但他没有真正明白自己做错了什么。他学到的是，说"对不起"或"我不会再这样做了"就能结束他受到的攻击，但在老师看来，这种反应似乎只是证实了他的确有错。然而，他真的不明白人们为什么对他那么生气。所以他全身的系统都陷入了一个恶性循环，这就是他产生品行障碍的真正原因：并不是说他没有能力学习社交技能，而是他受到的对待仿佛在说，他拒绝付出努力来控制自己的行为。

有一天，泰拉先生给我打来电话，我们一起讨论了如何让詹姆斯在社会性发展方面走得更远。我们决定让他陪着詹姆斯参加篮球训练，甚至以助理教练的身份进入球场，并且在休息期间陪在詹姆斯身边——如果有需要，他就会出现，但不会一直紧跟着詹姆斯。我后来亲自去看了看詹姆斯的情况，我所看到的东西又让我想起了幼儿园的那三个小孩。一群男孩在玩他们发明的游戏：篮球、足球和英式橄榄球的结合。我相信詹姆斯和我一样，很难理解这个游戏的规则，他过了一会儿就放弃了。在他还是个小男孩的时候，每当这种事情发生，他就会躲到操场外围，全神贯注地盯着一只虫子或一块石头。但这次，我看到他走到泰拉先生跟前，跟他说了几句话，然后走开了。在休息期间，我看到他离开泰拉先生，加入到一群孩子中间，然后又回来告诉泰拉先生一些事情。我意识到，我看到的现象与那个一直抓着老师裙子的小男孩一样。

詹姆斯在自己最需要的时候（对他来说，就是在课堂上和课间休息时)，越能在与泰拉先生的交流中体验到平静，就越能关注他人——既包括关注其他孩子，也包括关注他的老师。他开始掌握曾经似乎遥不可及的社交技巧了。每个人——他的父母、老师和同学都提到了这一点。这种改变不是一夜之间发生的。他并没有经过某个"神奇的时刻"，然后就突然变得像其他孩子一样。相反，改变是缓慢的、一步一个脚印的。让莎伦和戴夫担心他会患上可怕的"品行障碍"的黑暗时刻，也开始变得越来越少。

当我们看到16岁的詹姆斯时，我们问莎伦和戴夫，是否有那么一刻，他们突然意识到，他们在詹姆斯身上窥见了积极的可能性，而不是那种别人为他们描绘的可怕未来。两人脱口而出：在他高三时被选为篮球队队长的时候。这对他的篮球技术是一个巨大的肯定，但更重要的是，这是他第一次从家庭以外的成年人那里得到积极的肯定。这个身份是球队里每个孩子都尊敬的，这对于他的自尊来说非常重要，而他的自尊在过去一直备受打击。

毫无疑问，篮球是帮助詹姆斯克服消极倾向的一个重要因素。这孩子喜欢打球。他热爱这项运动的一切：挑战、体育精神、同伴情谊和回报。他会在街上走路时运球，在家里的车道上花几个小时练习跳投，花整整一个夏天在右手上绑着弹性绷带，这样他就不得不学着如何用左手。他现在梦想着有一天能成为职业球员，他可能真有这样的机会——谁知道呢？无论他最终的职业道路是什么，詹姆斯都是一个迷人的、适应能力强的、全面发展的孩子，他拥有在成年后成功的所有品质。

孩子天生的兴趣往往会成为他发现自己的内在动机的途径，这种内在动机能支持各领域自我调节能力的发展。篮球在五大领域内都对詹姆斯有调节作用。一支球队只有在球员共同调节的情况下才能取得胜利。詹姆斯的球技越好，他就越能关注其他人在做什么——不仅是关注球场上发生的事情，也关注球场外的事情。他越来越善于参与并维持平稳的社交。我觉得，这在很大程度上是因为他在更衣室里、在和同伴一起去餐厅吃饭时、在乘坐球队大巴出行时、在比赛间隙出去玩时学到了许多社交技能。

詹姆斯的故事提醒我们，这五大领域里的"系统"是相互联系的，当我们研究特定领域的行为时，我们既需要审视每个领域，也需要同时关注所有领域。随着詹姆斯社交技能的提高，他调节情绪的能力也有所提高；他在社交场合感到的焦虑越少，他的社交技能的增长就越多。他越擅长"读心"，社交对他来说就越不费劲。他的焦虑越少，就越能集中注意：既关注他周围发生的事情，又关注他身心内部发生的事情。甚至他的自律能力也在提高。莎伦告诉了我一个更感人的故事：詹姆斯决定在比赛期间不去酒店的游泳池和其他孩子一起玩，而是早早上床睡觉，这样他就可以充分休息，为第二天的比赛做好准备。这似乎是一件小事，但对于一个在整个童年时期，每当周围有其他过度唤醒的孩子，就会跟着一起过度唤醒的孩子来说，做到这一点并不容易。他现在有了自我觉察和自我调节能力，做出的选择也表明他知道什么对自己最好——这是一个巨大的进步。

自我调节为积极的社会参与提供支持

从本质上讲，社会性领域的自我调节与神经觉和社会参与系统的发展有关。这里的挑战是：社会互动本身可能会成为压力源，但社会参与是孩子应对压力的第一道防线。自我调节能帮助我们看到父母（以及后来的老师）是如何帮助孩子克服这种矛盾的。

早期儿童发展的基本要素是双人关系（亲子关系或照料者与孩子的关系）与脑间联结的运作。脑间联结对儿童发展的**所有**方面都有影响，而且影响持续的时间比我们想象的要长得多。我的意思是几十年，而不是几周或几个月，而且这是一个循序渐进的发展过程，有许多停滞期和倒退。正是我们——孩子生活中的"高级大脑"——回应孩子需求的方式，塑造了孩子的发展轨迹。

回想一下我们在上一章的乐乐身上看到的各种问题，想一想他培养自己的执行功能所需的互动与他实际体验到的互动之间的差别。他需要从周围的人那里得到平静的回应，而不是被迫坐着不动，或者更努力地控制自己，因为后面这种对待在他看来是一种威胁。同样的道理也适用于詹姆斯。詹姆斯不需要社交技能来进行社会参与，而是有了社会参与才能发展社交技能。

我们都希望孩子在社交上取得成功。要做到这一点，他们就必须读懂非言语线索，有些孩子在这方面需要更多帮助，以及无尽的耐心！最后，所有孩子都能学会如何解读社交线索和社交情境。学习"读心"永远都不嫌晚，只要孩子能保持平静、专注。因此，我们需要读懂孩子社会性唤醒升高的信号，比如抓住老师的裙子；还要注意他的警报是否响起，并且当我们看到这种事情发生时，要通过调整互动节奏来减少他的唤醒，适应他的舒适水平；要帮助他学会意识到自己什么时候会在社交情境中变得焦虑；帮助他发展自我调节策略，使他能够保持社会参与。因为一个孩子只有在自然的互动中才能获得"读心"的技能；而只有在他感觉安全的时候，他才能参与这种自然的互动。

第 9 章

共情与亲社会领域
更好的自己

  我儿子所在的冰球队整个赛季都在高歌猛进,此时又即将获得另一次胜利。11 岁的萨沙屡屡得分,确立了领先地位。在比赛即将结束的时候,他本有机会完成最后一击,以一记华丽的进球结束比赛,但他却把球传给了跟在身后的队友,这样那个男孩就有机会进球了。萨沙怎么能错过这个优雅、轻松打入制胜球的机会?在开车回家的路上,我问了他这个问题,声音里无疑带着一丝恼火。他的回答有些刺耳,但至今仍在我耳边回响:"球队的表现比我个人的表现重要,爸爸。"

  每个孩子生来都有这种做出无私行为、为他人着想的能力。事实上,从出生起就有了。即使是年幼的孩子也能用自发的关心或安抚行为表现出这种能力——拥抱、触摸、分享食物或玩具。研究表明,婴儿能感知到他人的痛苦,并做出反应。随着孩子的成长,你会希望你的孩子能成为一个愿意分享、愿意安慰朋友、欢迎新来的孩子的人。你希望他成为一个能够看到自己之外的世界、着眼大局、帮助他人的人。这些行为看起来很简单。然而,我们的经历一次又一次地表明,做出这些选择并不总是很容易。

"亲社会"是那种社会科学家喜欢创造的术语。专家对其意义争论不休,而作为父母,你可能一辈子都不需要使用这个词。但是,作为"反社会"的反义词,"亲社会"代表了生而为人的重要方面——善解人意、慷慨大方、关心他人、大公无私,也就是良好品格。我们希望自己的孩子拥有这些重要品质,当我们看到有任何迹象表明他们没有这些品质时,我们就会担心。很少有父母会希望他们的孩子长大后是冷酷无情、剥削成性或完全自私的。

当今儿童的反社会行为之多实在是令人担忧,当我们看到青少年枪击和网络霸凌的悲哀结果时更是如此。但是在日常生活中,更常见的残酷社交行为以及不考虑他人的做法也很令人不安:攻击性与霸凌、自恋与操纵行为——这些行为虽然不是暴力,但表现出的良知缺乏,实在是令人胆寒。

一个孩子即便只是单纯地缺乏对他人的考虑,有时也会引起人们的愤怒反应;如果这种情况发生得太多,就会让人感到担忧。这种关于品格与良知的恐惧会大大影响我们对于孩子的发展的看法。没有任何一个领域的定义如此不精确,却包含了如此丰富的道德内涵。大多数父母能够接受孩子在社会性、情绪或学习方面的挑战，可一旦涉及品格问题，他们就会产生更深层、更本能的反应。然而，近年来的神经科学研究表明，被称为有"品格问题"（包括不考虑、伤害他人，以及撒谎、作弊、偷窃等）的孩子，经常表现出不良的唤醒调节模式，尤其是在情绪调节方面。冲动、消极情绪管理不良、注意不集中、社会性智力低下等方面的影响都是亲社会领域的重要问题。

棉花糖：一人吃还是大家吃？

亲社会领域给孩子带来的内在压力，比其他领域要大得多，因为这个领域总是涉及他自身的感受和愿望与另一个孩子或另一群人的感受和愿望之间的冲突。传统观点认为（至今仍有些人这样认为），除非被迫，孩子永远不会从自私自利转变为善解人意、为他人着想；必须锻炼孩子的意志力和自我控制能力，才能克服他们自私的冲动。这是否意味着，归根结底，自我调节的第五个（也是最后一个）领域只是自我控制的领域？

自我调节并没有将第五个领域看作培养孩子自控力的领域，而是将亲社会的发展视为培养每个孩子从出生就有的、建立共情联结的能力。正如我们在上一章关于社会性领域的内容中所看到的那样，我们是一种生来就渴望社会联结的动物。我们需要联结才能生存，我们需要这种亲社会的能力才能茁壮成长。

也就是说，与其问"我们怎样才能把孩子培养成一个正直的人"，不如问"我们该如何培养孩子关心他人、善解人意的自然倾向"。显然，有些孩子，即便是在很小的时候，就会有各种迹象表明他们没有这种倾向。自我调节不仅能让我们理解这种情况会在何时发生，以及发生的原因，更重要的是，还能让我们知道该如何应对。

我们是倾向于关心他人的社会性动物

一个孩子必须学会（如果有必要的话，必须被强迫）压抑自己的"底层本能"，才能成为一个正直的人，这是 17 世纪英国哲学家托马斯·霍布斯（Thomas Hobbs）的观点。他写道，如果允许人类回归其自然本能，就会"没有艺术、没有文字、没有社会，而最糟糕的是，只有持续的恐惧和暴力死亡的危险，人类的生活将是孤独、贫穷、肮脏、野蛮和短暂的"。这种观念认为，为了克服自己的野蛮本性，人类必须在法律的制度下团结起来，那些不守法的人要么被迫守法，要么被流放或监禁。但是强迫只会带来恐惧，不会带来共情。共情对于我们人类来说是自然的，是一种脑间联结双向共情交流的功能，只能自然地形成。

自我调节的关键在于我们是社会性动物，而要成为社会性动物，我们就必须生来便拥有一个**需要**共情的大脑。进化生物学家的研究告诉我们，所有高等灵长类动物都会共情。这是我们的生物学传承中的核心部分。越来越多关于幼儿共情的研究清楚地表明了这一点，而且大多数父母和童年早期照料者都在家里看到过孩子的某种关心他人的反应。在我们的实验室和诊所里，我们经常在幼儿（包括婴儿）和他们的父母间的互动中看到这种反应。

显然，有些生物学和社会性原因会导致孩子天生的共情能力无法发展，取而代之的是冷漠的倾向——我们会把这些行为视为贪婪、自私、无情或刻薄。但同样明显的是，在适当的环境下，也有一些生物学机制能让孩子成为一个有良知、正直、有同情心的人，能够把别人的需要置于自己的需要之前：成为我们大多数人都渴望成为的"更好的自己"。事实上，所有迹象都表明，反社会行为是**异常现象**，不是常态，否则我们这个物种不可能走到今天。

有关共情的新观点

亲社会发展首先取决于孩子的共情体验。被爱是很重要的一个因素（即使你的爱很粗犷），它可以被列为自我调节的首要原则。就像孩子通过被他人调节才能学会自我调节一样，孩子也是通过体验共情才能学会共情。这种能力是我们所有人与生俱来的，但只有通过体验这种共情，孩子的这种能力才能开花结果。

小蕾因为在课堂上捣乱而被送到校长办公室，又因为害怕校长的训斥而僵住了。一旦发生这种情况，小蕾从校长的反应中只能学到害怕。这样就错过了一个机会，小蕾不仅没有学到更有建设性的东西,还没能体验到共情反应。这种共情反应原本能深入她的心灵,培养她自我觉察、觉察他人需求的能力。

真正的共情不仅仅是在孩子难过的时候做出同情的回应,还涉及更深刻的理解,这种理解必须是切身的体验,而不只是认知上的理解。成年人必须利用自身的经历,了解在那种难过的状态下是什么感觉,然后试着弄清孩子难过的原因,以及自己该如何帮忙。孩子自己很少知道,他此时其实是非常以自我为中心的,更不可能说清楚他为什么会这样——那是我们的任务。

我们不能再把共情单单看作一种孩子的心理品质,看作一种"性格"的表现或者"气质"。**真正的共情是一种双向的现象:两个人的关系**。脑间联结包含了双方的体验,必须调节双方**共同**的情绪状态。当孩子难过时,我们也会难过,而只有我们的高级大脑才能试图找出原因、安抚孩子。

孩子从无助到助人的发展历程

15 世纪晚期,一部名叫《凡人的召唤》(*The Summoning of Everyman*)的道德剧轰动一时。这部剧讲述了我们所有人都受到了召唤,踏上了我们一生的旅途,并且在此过程中要努力抵制各种诱惑。这趟旅程,以及抵制诱惑的斗争,可以很好地描述每个孩子从脑间联结的一端发展到另一端的过程:从被宠爱的婴儿成长为体贴的朋友,再到有朝一日成为父母;从满足自己的所有需求到满足他人的需求;**从被调节的人成长为调节**

他人的人。

　　这段沿着脑间联结前进的成长历程可能很难，要跨越那些诱惑我们陷入极端自私的冲动所组成的岩石和裂缝，而且这条路并不是平直的坦途。孩子可能在这一刻能够共情，下一刻就不能了；或者对一个人能共情，但对另一个人不行。这是一条蜿蜒曲折的道路，一路上有各种曲折与滑坡。我们必须认识到，孩子倒退回以自我为中心的状态是很自然的，尤其是在压力过大的情况下。从很多方面来看，这是我们原始防御机制的典型特征。

　　作为父母，你可能也走过这段坎坷的旅程。你知道照顾一个婴儿有多难，但也知道这能带来多么有意义的回报。这是为人父母的真谛。父母和照料者作为调节婴儿的"外部大脑"，他们努力的回报是，他们的身体释放了能够带来愉快、平静与能量的神经递质。2006年，科学家发现，付出的行为能激活释放这些让人感觉良好的神经递质的大脑部位，这种现象被称为"助人者的快感"。还有些研究表明，助人者的快感与助人者良好的健康相关。事实证明，"付出者"比"非付出者"要快乐、健康得多，这不仅有心理上的原因，也有生物学上的原因。似乎这些来自中脑边缘系统的积极感受是专门用来奖励我们，并促使我们做出亲社会行为的。也就是说，我们的大脑不仅"要求"我们去共情，而且它就是用来帮助他人的，并且能够从这种相互的交流中受益。

　　大量探讨"社会支持"的科学文献明确表明，我们的社会联结越多，我们的心理和身体健康状况就越好。这里涉及了许多因素，既包括心理的，也包括生理的。值得注意的是，研究已经证明，社会支持可以降低血压和心率，降低皮质醇（应激激素）水平，并提高免疫系统功能。甚至有研究表明，拥有社会支持较多的人，更不容易患上感冒。

如果助人能让我们更快乐、更健康，那么是什么阻止了一个人用乐于助人、关爱的方式回应他人呢？举一个疲惫的照料者的例子：为什么有些照料者会回避甚至伤害他们的婴儿？这个问题的答案与我们在每一章都思考过的问题的答案是一样的。问题就在于压力过大。无法应对自身压力的照料者会无法忍受孩子的痛苦，更确切地说，他无法理解或承受这种痛苦。他的催产素不足以防止他进入"战或逃"状态。

就像一个极度痛苦的照料者可能难以忍受自己的孩子，一些孩子也会觉得另一个人的痛苦难以忍受。这就强调了亲社会领域中的自我调节的核心基本问题：要弄清为什么广泛的、充满共情的社会联结对有些孩子来说是舒适的，对另一些孩子来说却是困难的，对有些孩子来说甚至困难到让他们彻底远离了社会联结。

压力与社会性大脑（和亲社会行为）的消失

孩子可能会觉得这段发展历程很艰难，其原因有很多。有些孩子天生就缺乏能量，更容易受到边缘系统唤醒的影响。对于另一些孩子来说，也许发生了某些事情（先前的一段经历，或者与某人有过不愉快的经历）让他们拉响了警报。无论是哪种情况，他们都长期处在过度唤醒的状态。在这种状态下，欲望和冲动都会增强，而社会性、自我觉察能力都会下降。当这种情况发生时，孩子会无法与人分享，也不能同情他人，甚至无法交流。他可能会变得过于敏感，以至于内外部信号都让他难以忍受，他的感受能力也可能变得十分迟钝，以至于他对自己的身体线索变得麻木，对周围人的行为感到困惑。在这种状态下，他可能觉得别人的唤醒会让他压力很大，从而进入"战或逃"状态。

换言之，亲社会领域有一系列独特的压力源，在我们前面章节里讨论过的生理、情绪、认知和社会性压力源的基础之上，又给孩子增添了不少压力。**受到他人的压力影响，或者感受到有人期望你把别人的需求放在自己需求之上，这也是一种压力源，有时是很严重的压力源。**长期处于低能量、高紧张状态的孩子会觉得这种特殊的内在压力十分沉重，这一点也不奇怪。为一个身心失调的人付出，需要消耗大量的能量。

仅仅是处于"战或逃"状态之下，就会限制代谢和免疫系统的运作，并阻碍社会性大脑中支持"读心"与交流的系统，还会关闭让我们体验共情的系统。我的意思是，我们不能只被别人的感受所影响，还得意识到自己受了这种影响。当这种情况发生时，那些古老的系统就会占据主导地位。对于压力过大的父母来说，这些比社会性大脑更古老的原始系统会把哭泣的婴儿视为威胁。或者，如果孩子的冷漠行为让我们感到不悦，我们也可能做出同样冷漠的反应。

这样一来，孩子也陷入了同样的压力循环，会对另一个孩子造成的所谓"威胁",以及对成年人愤怒反应所带来的额外威胁做出反应。

这个孩子的行为是压力过大的双重作用的结果:首先,过度的压力会引起消极的边缘系统冲动,引起"战或逃"反应;其次,压力还会削弱他前额叶的抑制能力,以及社会性"读心"的能力。此时他不仅听不进你说的话,他的求生型大脑也关闭了其他系统。对于我们所有人来说,当我们进入"战或逃"状态时,我们的本能反应是逃避社会支持,逃到某个"洞穴"中去,然后试图在孤独中恢复平静。

亲社会领域的自我调节问题,通常会表现为孩子在一对一互动中的困难,或与更大群体的社交互动中的困难;也可能表现为他被崇尚不良品质的群体所吸引。亲社会领域的问题往往是其他领域出现问题的表现。然而,在通常情况下,孩子的不良行为是由自主神经系统因各种原因不堪重负而导致的。

因此,我们得出了完整的五大领域压力循环(见图9-1):

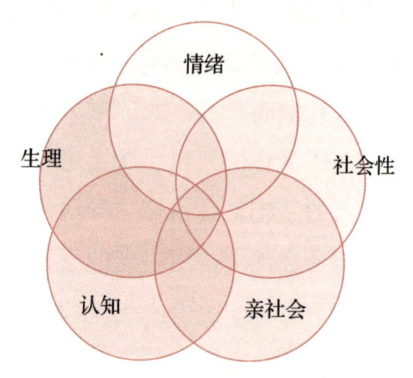

图9-1 乘数效应:五大领域压力循环

对于每个孩子来说，在脑间联结中从"我"转变为"我们"的过程，不仅仅是一个认知的过程——逐渐理解其他人的想法和感受，或意识到如果不学会控制自己的冲动，自己就会被逐出群体。真正的共情发展，以及共情在亲社会领域的表达首先取决于自我调节：学会如何在面对他人的压力时保持平静。也就是说，为了让脑间联结深化、发展，**孩子必须学会如何在接触别人的痛苦时保持身心协调**。

双人成行：从"我-你"到"我-我们"的共情发展

儿童感受深刻共情的能力是天生的，但不会自行发展起来。这需要脑间联结的作用。早在孩子的人际关系世界扩大之前，他就在与父母或照料者的互动中学会了共情性交流的第一课。因此，对于孩子缺乏共情，我们的反应方式十分重要，尤其是在他通过攻击性行为或逃避（心理上，而非身体上）来表示他不堪重负的时候。

有些父母会对孩子缺乏共情的表现立即做出愤怒的反应：这是一种古老的反应，存在于大脑中的某个部位，这个部位不会分辨**自己的孩子**和**陌生人**。这样给孩子造成的问题是，他的大脑也会做出同样的反应——将我们的愤怒或消极反应解读为威胁。更糟糕的是，现在给他带来威胁的是他的父母、他信任的照料者或者老师。但是，如果父母或其他成年人总是因为孩子缺乏共情而惩罚他，在应该安抚孩子的时候大喊大叫，在应该下调唤醒状态的时候升级冲突，久而久之，这样就可能让孩子的关爱行为越来越少、反社会行为越来越多。这种消极的发展趋势可能从很早就开始了，在某些情况下，甚至在孩子还不会走路的时候就开始了。

平和与安全：自我调节、成长与共情的基本需求

语言，以及我们日常表达方式的根基都揭示了我们这个物种作为社会性生物，以及亲社会生物的重要方面。我们问候他人的方式（如热情的"你好"、微笑、握手或拥抱）可以传达出一种平和的意图，以及一种在对方身上唤起同样感受的希望。这种感受就是**一种共同的安全感**。这些表达安全或威胁的社会习俗并非人类独有的，但这些习俗提醒了我们，人类对于安全感有一种深层的需求。共情让这一切成为可能。

在霍布斯式的关于人类野蛮本性的观点中，共情是一种神经科学家所说的**经验依赖型**现象。这种观点认为，孩子天生就是完全以自我为中心的，而通过管教孩子，你能改变他们大脑的天然本能，使其符合社会的要求：给只考虑自己的大脑增加了亲社会回路。自我调节则认为共情是神经科学家所说的**经验期待型**特质。也就是说，孩子的大脑已经做好了共情的准备，这种准备状态会因为养育行为而得到广泛、深入的发展——这种养育行为在人类演化过程中一代代传承下来。

共情与自我调节之间的关系则更为深刻。你的孩子不仅具有共情的生理倾向，实际上还有通过共情来自我调节的**需要**。这不仅仅是他需要别人来看出并回应他的痛苦。同样重要的

是，他也需要帮助别人。但是，对于他人共情的需求有时会变得十分强烈，以至于压倒甚至阻碍了帮助他人的本能。

我们很需要在与他人在一起时感到安全，这种需求十分强烈，甚至决定了我们对自己孩子的反应，哪怕孩子还只是婴儿。我曾见过照料者对婴儿发火，因为婴儿突然对他们生气了。这是一种自动化的本能反应，一种突然的情绪爆发，一种完全不理性的反应。在这种情况下，父母可能会封闭自己，怒气冲冲地离开、大喊大叫，在极端情况下，甚至会试图伤害孩子。然后，指责孩子的思维模式占据了上风，他们会告诉自己这都是孩子的错，孩子需要更好地控制自己，或者孩子表现得异常自私或被宠坏了，他们这样做只是为了孩子好。

很大一部分问题在于，我们的杏仁核会自动地被别人的愤怒或压力行为触发。我们做出这样的反应，不仅仅是因为我们的杏仁核被突然唤醒了，还因为我们的社会性大脑（以及孩子正在生长的亲社会大脑）需要从其他人那里获得表示安全的信息。

脑间联结的发展包括学会处理他人在我们身上引发的恐惧或愤怒：不仅要学会如何处理我们自己的恐惧和愤怒，也要学会处理他人的恐惧或愤怒。在陌生人脸色阴沉时微笑；在孩子尖叫时安抚他；在孩子需要下调唤醒水平时进行调节，例如放慢、放轻言语或手势。在突然爆发愤怒的情况下，我们会倒退回彻底以自我为中心的状态，此时共情会被中止，我们只能意识到**自己**的痛苦、**自己**的需求。

在我自己的孩子还小的时候，如果他们做了特别伤人的行为或说了特别伤人的话，我就会爆发出一阵父母常有的谩骂："你怎么能说这种话？"我骂起来就没完没了，直到我妻子温柔地（也可能不那么温柔地）建议我去另一个房间冷静下来。我会坐在那里生闷气，直到我的前额叶皮质恢复正常，然后才能开始思考到底这一切是怎么回事。我一冷静下来，就能回去亲切地照顾我的孩子，而他们此时已经情绪失控了，他们的整个身体和脸都在表达愤怒或恐惧——社会参与的彻底崩溃。

正如我们在前几章的马莉和她女儿小西的故事中看到的，小西需要妈妈安慰的抚摸，这是一种纯粹的共情回应。没有太多言语，常常是一言不发。妈妈会用手臂搂住孩子的肩膀，轻轻抚摸或揉背：简单的安抚。这就是共情的绝对核心：纯粹右脑对右脑的交流，让孩子**感受到**，我们没有在他需要的时候抛弃他。当我们这样做的时候，我们激活了他边缘系统深处的积极记忆：在他还是婴儿的时候，妈妈或爸爸安慰的抚摸或声音消除了他的恐惧。孩子不仅能通过这种方式平静下来，并且一旦平静下来，他就会寻求重新与你建立联结，并最终在接受共情的时候付出共情。

共情需要共情的环境才能生长

我在本书引言中提到的那个小男孩，也就是那个父亲和爷爷都被说成"坏透了"的孩子，他确实受到了家庭传统的影响，在亲社会领域表现出了各种有问题的迹象。他已经因为打其他孩子被停学两次，而他还只是在上幼儿园。他是个大块头的孩子，很能唬住老师同学。出于显而易见的原因，人们有理由感到担忧。我曾经参加过一个讲座，那个演讲者试图证明遗传决定命运这一观念。我们观看了一段录像，讲的是一个三岁的孩子恶狠狠地殴打他的弟弟。这种行为会让你觉得，至少有些孩子是"天生的坏种"，如果我们不在他们还小的时候把这种倾向从他们身上去除，那么他们未来就会不可避免地走上反社会的道路。但正是大人的这种反应让我感到担忧，因为这会导致我们试图避免的结果。

在看视频的时候，我在想是什么导致了这次攻击。难道仅仅是因为怨恨新生儿得到了很多关注吗？也许是弟弟侵犯了他的私人空间，而他无法用语言来表达自己的愤怒，于是发泄了情绪？正如我们所见，其他原因造成的高度压力和焦虑也会引发这种行为。

还是说他只是过度唤醒了？彼时，我只有一肚子的疑问。有一件事我很确定，那就是大量研究和临床经验表明，不存在天生的、返祖性的伤害冲动。然而，问题是，这种冲动肯定会生根发芽，这取决于他人（尤其是成年人）如何应对孩子的情绪爆发。如果孩子一直受到威胁，或者更糟糕的是，一直受到身体或情感的伤害，他就很容易把对弱者做同样的事，与变态的愉悦感联系起来。有些研究表明，长期的霸凌行为中可能存在一种多巴胺致敏过程，导致需要越来越多的攻击行为才能带来相同的神经化学"奖赏"。因此，暴力的电子游戏也很令人担忧，色情制品也是如此，因为这些东西不断地"推陈出新"，只是为了保持多巴胺的分泌。

霸凌已经越来越令人担忧，而且我们应该担忧。美国和加拿大的许多学校开始以"安全校园"项目来回应这种担忧。保护无辜者不受霸凌不仅是自然的人性反应，而且是必要的。然而，危险在于，如果学校和社区对霸凌行为主要采取惩罚性的"零容忍"政策，预期的禁令可能不能解决问题的根源。这样只会进一步孤立霸凌他人的孩子，并且不能创造基于共情、利于成长的环境。这样的环境能让每个孩子都受益：既包括霸凌者，也包括被霸凌者。

加拿大广播公司 2004 年的优秀纪录片《这就是教育》（*Children Full of Life*）展示了反霸凌的环境应该是什么样的。这部纪录片讲述了一名日本四年级教师金森敏郎的故事。这位教师帮助自己的学生们表达了被深深压抑的情绪，并且在这个有时令人痛苦的过程中相互支持。这部片子深刻、感人地描绘了群体共情的力量，以及我们多么需要一个成年人来创造一种氛围，让孩子可以互相帮助，让孩子在情绪和身体上都感到安全。最引人注目的是，在这个四年级的班级中，正如自我调节项目的研究人员在每个学校、每个年级所发现的那样：**每个孩子都需要这样的体验，不只是那些有突出情绪问题的孩子**。

这一切的重点：亲社会成长

就像所有其他领域一样，亲社会领域自我调节的重点在于**成长**。在亲社会领域，我们自然会考虑内在道德品质的培养——这是应该的。但要让这种成长成为可能，孩子的脑间联结就必须成长，这就意味着孩子必须在不断扩大的同龄人和成年人群体中感到安全。

你的孩子的成长之旅，是离开家庭中私密、受宠爱的安全环境，进入更大的人际互动领域的过程：这个领域包括朋友、同学、社区、社会，以及地球村（归功于当今的科技进步）。但是，只有孩子在这些更大、更复杂的社会环境中感到安全时，他的脑间联结才会成长。这意味着他要与他人建立信任的、支持性的关系；也意味着他要认识到并回应他人的希望与担忧，关心所在群体的所有成员（无论这个群体有多大），而不仅仅是关心眼前的事情。

自我调节是重要的部分，只有通过自我调节，你的孩子才能有效地从以自我为中心的心态转变为以"我们"为中心的心态。保持平静和投入，他就能更自在地与他人建立联结、读懂他人的信号、延迟满足自己的愿望，如果需要的话，还能克制自己的愿望，以回应他人的需求。这才是更有意义的棉花糖任务：忍住不吃面前的零食，好让别人吃到；并且，值得注意的是，有研究表明，即便是老鼠和猴子也能通过这个测试。

如果你的孩子受身体问题的困扰，对学校或家庭关系紧张感到焦虑，对与朋友的争吵感到不安，或者对学业要求感到不堪重负，他就很难顾全大局，关注他人的需求。如果孩子筋疲力尽，并因此变得极度暴躁易怒，他需要的是躺下来恢复平静，而不是被训斥或惩罚。同样的道理也适用于反社会行为。没错，他需要有人告诉他，他所做的事情是错的，以及为什么是错的。要坚定而有耐心地跟他说，最重要的是，**要在他愿意**

接受的时候说。

这通常意味着，要引导孩子进入一个安静的环境，让他能够下调唤醒水平。我得赶紧补充一句，他不需要"计时隔离"。我指的是一个让他感到安全的空间，因为只有在那里，他才能下调唤醒。不要急着谈论发生了什么。有时你可能要等24小时，孩子才能准备好。更重要的是，你需要认识到，对一个孩子来说，理解"发生了什么"是极其困难的，更别提解释这些了。

孩子在其他领域的自我调节越熟练，他就越善于与其他孩子共同调节、读懂并回应他们的需求，并且会拥有更多的能量去思考自己以外的事情，去关心群体。孩子并不需要无尽的指导。他们需要体验与练习来学会倾听、提出意见、帮助和尊重他人。在家里也是如此，只有这样，孩子才能明白某种理念是重要的，是存在于现实生活中的。在这里，这种重要的理念是共情，以及我们该如何对待他人。这些人可能包括朋友、家人、学校里的新同学、老师，或者我们在日常生活中遇到的陌生人。真正的共情是包容所有人的。每个人都很重要，没有人是不值得被认真对待的。

作为父母，你可以帮助孩子找到表达这种理念的语言。你可以示范它、践行它，并把它作为一种对你很重要的价值观来谈论。别弄错了，亲社会成长是由孩子已经形成的价值观所驱动的，而不是由那些填写在大学申请简历上的、策略性利他而实则自利的行为驱动的。没有什么能比虚伪的社区服务更能让孩子变得怀疑人性了。这样的社区服务只是为了让孩子获得竞争优势，或者让他们（或你）看起来有面子。孩子是不会上当的，他们总是对真正的共情体验持开放态度，这种体验在任何年龄都是很深刻的。

"不计代价的胜利"，其代价过于高昂

本章开篇提到了一场冰球比赛的事情，当时萨沙没有选择打入本来可以轻松打进的球，我很不高兴，后来这件事一直在困扰着我。我怎么能错得那么离谱呢？如果说我那是在情急之下有些忘乎所以，就像许多其他去看孩子打冰球的父母一样，实在是有点儿逃避责任。问题是为什么。**我们为什么会那么激动，以至于我们可能阻碍了孩子的亲社会成长？**

孩子的生活中已经有很多部分变得竞争激烈了。他们必须在每件事情上相互竞争：学业、体育、音乐、艺术、社会地位——既要在网上竞争，也要在线下竞争。他们反复听到的信息是，只有打败别人，你才能成功。竞争开始得出奇的早，甚至在孩子入学之前，父母就已经开始对孩子抱有远大的期望了。这种长期竞争压力的消极影响令人担忧。近年来的研究表明，过分关注成就和地位的最大化，会阻碍共情发展和亲社会成长。受影响最重的是那些"有特权但压力大"的青少年，这些孩子把自己的表现内化为核心价值，缺乏慈爱的、支持性的父母，也缺乏共情和亲社会的价值观。他们的抑郁率更高，更有可能患上其他心理疾病，更有可能吸毒、酗酒、表现出反社会行为迹象。

在我们演化的过程中，父母以及后来的社群都能缓解儿童和青少年面对的压力。每个孩子都必须做出转变，从亲子的二人关系发展出包含更多内容的脑间联结，这种脑间联结要适应集体性的"我们"这一概念。在这个过程中，父母仍然是孩子最重要的同伴。但是，如果父母的行为产生了相反的效果——极大地增加了孩子的压力负荷，那么孩子在从事健康的社会参与和亲社会参与时就会面临更大的挑战。如果他后来用行为表达了他所面临的困境，但我们误解了他，并将其归因于恶劣的品性或不良的基因，那我们就把他抛弃在了我们原本希望他远离的孤独和痛苦之中。

请记住，大脑中有一个"开关"，可以让我们停止过度的反刍式沉思或分心，找到更宽广的意识和"更好的自我"——我们的共情性自我——只需要做几次腹式深呼吸即可。你可以有意识地练习"拨动开关"，并教孩子做这件事：觉察你肌肉中的紧张，觉察自己的呼吸以及其他反应，尤其要在你感到压力激增的时候这样做。这种简单的自我调节练习可以减轻压力，让自己平静下来，并且在当下恢复能量，这样能让我们与他人重建联结，也许还能帮助他人也做到同样的事情。那天晚上，我在冰球比赛后表现得很不讲道理，但儿子的话让我猝不及防。当我反思自己当时的精神状态时，我意识到自己压力过大了，这很可能是我过于关注儿子在冰场上取得成就（以至于忽略了他的需要）的原因之一。即使在激烈的竞争之中，共情也应有一席之地——我儿子知道这一点，而我却忘了。

孩子既需要我们，也会教导我们

我们的所思所谈经常围绕着那些困扰我们的事情，尤其是与孩子有关的事情。但是，每当我让父母回忆他们是否曾被孩子感动或打动过（孩子让他们从新的角度看世界，或者用通透的道德理念挑战了陈旧的观点），许多父母都表示有过那样的体验。那可能是一次平静的睡前谈话，或者是散步，或者是孩子帮助他们打破了陈旧的、无益的模式，看到了新的可能性。孩子就像风吹奏的竖琴，他们会从我们那里感受到最为轻微的情绪波动，并与其产生共鸣。

在我女儿萨米六岁的时候，有一天我们走在街上，一个乞丐向我们走来，问我们能否给他些零钱，好能去吃顿饭。我笑了笑，但摇了摇头，咕哝了一句"不行"，然后继续往前走。我们还没走出十步，女儿拉住了我，双手叉腰，问道："你为什么那么说，爸爸？你知道你口袋里有很多零钱。"我解释说，无论我给他多少钱，他都会拿去喝酒，我真的不想对他造成更大的伤害。"可是，爸爸，"她反对道，"你忘了卢克·布莱恩（Luke Bryan）的事情了吗？！"

那年夏天，我们俩一直在听布莱恩的新专辑《挡板与晒痕》（*Tailgates & Tanlines*），我们一致认为我们最喜欢的歌是《你不懂杰克》（You Don't Know Jack）。这个标题化用了一句俗语，说我们常常对他人的真实生活一无所知——"啥都不懂"⊖，尤其是我们常把别人简化为刻板印象。这首歌讲了一个

⊖ 英语中有一句俚语"don't know jack squat"，意思是什么都不懂。——译者注

乞丐的悲惨、羞耻和痛苦的生活，他远离妻儿，十分清楚自己的酗酒让他失去了什么，给他所爱的人带来了什么，并且让他清楚地感受到了路人的评判——像我一样的路人。

我们从街角的乞丐身边走过时，他正把帽子放在行人道上乞讨，我的"不行"话音还未落下，女儿就对我说："**你不懂杰克，爸爸。也许他真的是想去买个汉堡。**"我被这句话惊呆了。不管她说得对不对，我的**行为**对她的影响，比任何关于共情的说教，或者比任何我看过的、旨在促进儿童品格发展的项目都深刻得多。于是我给了她一张五美元的钞票，让她把钱放进乞丐的帽子里。她站在那里，等乞丐一不注意，就把钞票塞进了帽边的箍带里，趁他还没注意到就跑掉了。

我们的孩子为我们提供了一个绝好的机会，让我们可以达到人性发展的最高水平。通过孩子，我们可以体验到全新的情感与反思。这不仅仅与抚养孩子或保护孩子有关。通过孩子的眼睛，我们可以开始看到自己必须成长的地方。所以，当我们谈论亲社会成长的重要性时，谈论的不仅是孩子的成长，也是我们自己的成长；事实上，这两者是紧密联系在一起的。我们会帮助彼此走向人性发展的下一阶段。孩子会从我们身上学到共情、慷慨和善良，我们也会从他们身上学到这些。

人人为我，我为人人：
棉花糖和棉花糖之外的更多东西

我们可以用整章的篇幅来解释"亲社会"的定义。事实上，过去两千年来，哲学家们一直在做这样的事情，现在的科学家也是如此。但是我们从直觉上都知道"亲社会"是什么意思，我们想帮助孩子培养这种共情性的内在自我。如果没有这一部分，我们此前所探讨的"平静、专注而清醒"的四个组成部分——前四大领域就不完整了。平静不只是放松、觉察、享受的那种状态，也许它当中最重要的是这第五个要素——亲社会。

一位老师分享了她的学校参与"自我调节"倡议的一个故事。有一天，她为她二年级的学生重新设计了棉花糖任务。她把棉花糖拿出来，正打算做好准备，突然有人叫她去办公室。她把一盘棉花糖放在桌子中央，告诉孩子们不要在她不在的时候碰棉花糖。孩子们都围在桌子周围，盯着这些诱人的食物，但没有立即抓起棉花糖，而是开始相互帮助，抵制诱惑。有一个小男孩觉得这太难了，他不顾一切地想去拿盘子。孩子们并没有放任他这样做，也没有联合起来对付他，而是都来帮忙。他们鼓励他，分散他的注意力，然后，最了不起的是，当这个孩子能抵制住诱惑的时候，他们都为他喝彩。当老师回到教室时，那盘棉花糖完好无损，一群孩子喜气洋洋，还有一个兴奋的小男孩迫不及待地想要和老师分享他自我调节的成功故事。与亲社会行为相关的一点是，这些孩子为了一个共同的目标而相互支持，为他们中间最需要帮助的人付出努力。

也许这是从自我调节视角看待亲社会行为时产生的最重要的转变。更准确地说，孩子必须经历的过程，是学习如何满足他内心最深处的需求——包括回应他人的需求，而绝不是学习如何"控制住他的内在本性"。有关社会支持的研究很清楚：当我们有社会联结的时候，我们能更好地恢复平静。自我调节能帮助我们关闭孩子的警报，教他如何自己做到这一点。这就是为什么让他们愿意发展亲密而有意义的友谊、学会相关的技能是如此重要。在他人的陪伴下，我们能休息和恢复，而他人也会在我们的陪伴下找到真正的平和。这些好处的确就在眼前：对自己和他人，对个人与群体的好处。

第三部分

青少年、诱惑和压力之下的父母

第 10 章

青春期的力量与危险

我的东道主想让我"感受一下真正的得克萨斯",于是他们这周五安排我在最后一节大师课后去看一场高中橄榄球赛。大卫·W. 卡特高中在达拉斯对阵贾斯汀·F. 金博尔高中:他们告诉我,这是一场恩怨对决,方圆几英里⊖的人都会来看。我很感兴趣:这些运动员都是十几岁的孩子——敏捷、强壮、有纪律,而且身体素质极佳。这就是青少年之间的较量。在场上和场下,仍然有成年人参与其中,指导和监督他们(其实,是对他们大喊大叫)。但这些成年人与他们训练的球员是分开的,既从空间上分开,也从形象上分开——他们穿着 Polo 衫,

---

⊖ 1 英里 =1.61 公里。——译者注

而不是队服，在相对安全的场边观看比赛。

球员冒着最严重的风险。以他们的年龄来说，他们展现出的技术可以说是相当惊人。他们在很大程度上是按照自己的冲动行事的——当然这是无数个小时训练的结果，但仍然是冲动。他们挑战自己的身体能力，超越了任何人能独自做到的程度，并且（在大多数情况下）设法在比赛规则允许的范围内发挥自己的身体攻击性。

他们把注意力完全放在彼此身上，完全专注于赢得比赛的共同目标。还有更微妙的一点：当其中一人犯错时，另一个人会试图为他挽回错误。有一次，一名球员判断失误，导致对方得分，队友拍了拍他的后背和头盔，对他说了些鼓励的话。换句话说，他们的直觉反应是鼓励他继续努力，而不是责备他。

中场休息时的表演同样令人着迷。大卫·W.卡特高中的行进乐队走上舞台，以惊人的技巧和活力演奏了几首舞曲。啦啦队在表演中也表现出了同样的活力和精准的动作。她们的表演很有感染力，不仅影响了看台上的观众，也影响了场上的孩子。

最后，很有趣的是，看台上挤满了大人和同学，为他们的球队加油助威，他们像球场上的青少年一样渴望赢得比赛，并尽了自己的一份力来为他们的英雄上调唤醒水平，与此同时，他们也上调了自己的唤醒水平。这不仅仅是一场橄榄球比赛，任何看过这种比赛的人都知道。这是某种更原始的东西。

没有比高中橄榄球赛更具标志性的现代奇观了。然而，尽管是典型的当代事物，它也能让我们窥见一些更古老的东西。

我将在本章中解释，从很多方面来看，青春期都是一个演化之谜，是一个明显的生理、社会性转型和不稳定的时期。如果你是一个青少年的父母，那你可能会认为，青春期存在的目的只是为了考验你的忍耐力。但考虑到大自然坚持认为人类应该有这个阶段，人类发展的这一独特阶段肯定有些更大的意义。

在世界上的任何地方，青少年在追求共同目标时，都会相互推动、相互支持、相互帮助。这一点提醒了我们，从演化的角度来说，青春期肯定是为一个目标服务的。事实上，一些灵长类动物学家称，从直立人时代起，早期人类就开始大批迁徙到亚洲和欧洲——所谓的"走出非洲"。那个时期与发现的首批青春期人类化石的年代相吻合。有一种推理思路认为，这两件事是密切相关的。青少年不满足于现状，他们能忍受长时间的能量耗竭状态，他们的生理变化影响了他们对风险的评估（以及错误评估），从而引领了这场迁徙。也许大人会为他们加油，就像那场卡特高中对阵金博尔高中的橄榄球赛上的父母一样。

事实上，青少年和成年人在评估潜在回报和风险之间的平衡方面存在显著差异。我们很容易想象，直立人父母可能不愿意迁徙，宁愿在食物来源减少的情况下，充分利用他们周围的资源。但是，那些青少年，他们是否像某些古人类学家推测的那样，是寻找新土地的勇敢冒险者？是谁尝试了新食物，并开发了新工具来获取这些食物？是谁在父母睡觉的时候站岗放哨？

无论你怎么看，青春期都是人类发展过程中的一个独特阶段，与之前处处依赖他人的童年期和之后更稳定的成年生活都截然不同。这个时期有着前所未有的丰富性和潜在危险性。近年来，青春期的后一种特性，也就是它的阴暗面，已经成为人们的关注焦点，而这正是需要自我调节发挥重要作用的方面。

一段痛苦而动荡的时期：为了什么

安吉瘫坐在椅子上，几乎不说话。以她14岁的年龄而言，她的个头很小。尽管她举止懒散，穿得却很漂亮，显然她很在意自己的外表。从她在学校和家里的经历来看，她有许多优势——她是一个聪明的孩子，来自一个稳定、充满爱的家庭——是那种你以为会带着些许自信和乐观面对每一天的孩子。但事实并非如此。来到我的办公室对安吉来说是一项艰巨的任务。让她觉得困难的，不仅仅是来见我们。每一天中的每一件事都是如此。每天醒来，她都希望这一天能有所不同，但日子几乎从没变过。她觉得，仅仅是起床就像一场与惰性的战斗（更不要说去寻找新的土地了），穿衣服和吃早餐也是如此。她告诉我，她有一些亲密的朋友，但大多数时候她都不想与他们联系。她说不上来为什么一切都如此艰难，只知道她几乎每天都有这种感觉。

在这方面，安吉并非个例。远远不是。

例如，在2013年2月，多伦多学区董事会（加拿大最大的学区董事会）公布了2011—2012年度学生普查的结果——这是加拿大有史以来规模最大的学生普查，也是首次有人专门关注焦虑症的流行情况。几乎90%的多伦多7～12年级的学生（总数超过103 000名学生）参与了调查，调查报告在全国范围内掀起了轩然大波。

在7～8年级中，超过一半的学生（58%）报告说自己会无缘无故地感到疲劳，56%的学生表示难以集中注意力；令人惊讶的是，在9～12年级的学生中，有76%的人也报告说有这些问题。40%的7～8年级学生，和66%的9～12年级学生报告说，他们感到压力很大。最令人担忧的是，63%的7～8年级学生和72%的高中生表示，他们经常或一直感到紧张或焦虑。

这个统计数据告诉了我们，孩子是如何看待自己的（如何在调查中用熟悉的说法解释自己的感受），但这不一定是他们真实的样子。他们许多人从未真正体验过"平静"，却不知道这一点。孩子通常不能确切知道自己的感受，或者不能解释他们为什么感觉如此糟糕，而他们却会开始自行服药，服用治疗头痛、肠胃问题和失眠的非处方药。对于另一些孩子来说，慢性焦虑会导致他们使用酒精或其他物质，这样只能加剧问题。其结果是，父母和教育工作者越来越担心，他们认为青少年的严重身心健康问题有上升的趋势。

在我在美国和加拿大各地的工作中，有许多老师和学校管理者告诉我，他们看到越来越多的青少年有严重的情绪问题，我们也在打到诊所的电话里发现了类似的趋势，越来越多像安吉这样的孩子的父母在联系我们。他们家里的青少年正在和焦虑或抑郁做斗争——艰巨的斗争。

然而，这不仅仅是情绪障碍的问题。我们也看到，出现下面这些问题的青少年也越来越多：难以控制愤怒；反社会行为；盲目的冒险行为；吸毒、酗酒、赌博和色情成瘾；故意的自我伤害；进食障碍；睡眠障碍；身体意象障碍。这就好像德国浪漫主义者所说的"暴风骤雨"的动荡期被强化了十倍，许多人的青春期变成了"痛苦而动荡"的时期。

用我们在第 1 章的比喻来说，所有这些心理和行为问题都是引擎燃料不足的表现。这并不是说能量储备耗尽是这些不同问题的原因。在很多情况下，情况恰恰相反。社会性、情绪或学习问题是耗尽能量储备的隐藏压力源。但无论原因是什么，我们在这些情况下看到的都是青少年长期处于低能量和高度紧张的状态——一种能量/压力比严重失衡的状态。事实上，大脑对这种状态的自然反应可能会加剧问题，大脑会告诉青少年不要动起来，而这可能恰恰是他最需要做的；也可能在他需要休息的时候让他继续行动。

但为什么这么多青少年会这样呢？当然，从某种程度上说，**所有**青少年都面临着这种情况，如果仅从青春期的特点上来看的确如此：青春期的深刻变化本身就很艰难，让人筋疲力尽；从童年到成年的过渡需要孩子做出调整，要从以父母为中心的调节，转变到同伴共同调节和自我调节。正如我们前面所见，如果说青春期具有某种演化上的目的，那么，要理解为什么今天有那么多青少年要遭受如此多的痛苦，我们可以在现代世界与我们在更新世形成的生理机制之间的根本冲突中寻找线索。彼得·格卢克曼（Peter Gluckman）称这种冲突为"错位"。这种错位给我们的青少年造成了过大的压力,导致了大量健康问题——既包括心理问题,也包括身体问题。

远古时期的青少年为当今的青少年提供了线索

青春期大约始于 10～12 岁,青春期前大脑会快速发育:神经迅速生长、突触修剪、髓鞘形成、重建神经连接。换言之,这是一次大脑大改造。这是大自然在彻底改变孩子大脑的运作方式,减缓一些东西,加快另一些东西。这不仅仅是做一些小修整,而是一次彻底的重组。

大脑在生命早期会以惊人的速度生长。到 6 岁半的时候,大脑将完成 95% 的生长。在这段时期内,孩子的核心感觉、运动、交际、情绪、社会性和认知过程都被打好了坚实的基础,完成了牢固的整合。到童年的最后阶段,也就是 7 岁左右,大脑处于高度稳定的状态。那么,在这种状态持续了两三年后,为什么大自然突然决定让孩子再次变得不稳定呢?这就有点像你终于拼完了一幅巨大的拼图,大自然却决定把拼图扔进一个袋子,让你重新开始拼。

这不是青春期唯一令人困惑的生物学方面。大多数哺乳动物是从童年平稳过渡到成年的,它们青春期的标志其实是生长速度下降,以达到成年的稳定状态。人类的情况正好相反。我们的青春期以快速生长为标志,每一个青少年的父母都很清楚这一点。女孩和男孩的身材、身高、感觉、敏感度——所有的这些突然迅速改变了。

这种迅速生长与青春期大量释放的性激素有关，我们都知道这一点，并认为这是理所当然的，但这同样令人费解。性激素从出生起就存在，所以我们的性激素为什么不像大多数哺乳动物那样缓慢而逐步地增加呢？为什么要让青少年的雌激素和雄激素激增，让他们陷入混乱呢？为什么肌肉与脂肪的代谢会有这么大的变化？这是大自然在让青少年为重要事件做好准备吗？大脑的能量效率也会发生变化。早点开始这个过程不是更有意义吗？为什么褪黑素的分泌会发生变化，从而显著改变青少年的睡眠模式？为什么在极度的焦躁不安后会出现全面的崩溃？也许最令人困惑的是：为什么大脑的"奖赏系统"会发生重大变化，对青少年的冒险行为造成如此深远的影响？

所有这些问题的答案是：青春期代表了我们人类必须为次生性晚熟（在婴儿期有一段独有的、长时间的完全依赖状态，同时大脑发育却非常迅速）赋予我们的优势所付出的代价。下面我来解释一下。

青春期标志着从一种社会功能模式转变为另一种完全不同的社会功能模式：从本质上讲，这是从童年期父母主导的模式向青春期同伴组织模式的转变。在这个脑间联结的发展阶段，青少年对朋友的依赖要远远超过对父母的依赖。这就是青少年更容易受到同伴影响的一个重要原因。孩子必须从狭隘的、受保护的家庭来到他所属社群的真实世界，在这个世界里，他的余生都必须竞争与合作。如果孩子要成为一个独立自主的成年人，延长的童年期就必须结束。考虑到这个关键的目标，我们就可以理解，青春期前的大脑迅速生长就是大自然在迫使孩子离家!

我们都知道,进入青春期也意味着冒险行为的增加。调节这些冒险冲动的神经系统依然发育缓慢。借用一个特别恰当的比喻——这样会导致青少年的大脑像一辆没有资深车手驾驶的一级方程式赛车。但事实上,这个比喻还能再深入一些。这就像一个十几岁的司机开车带着一群十几岁的孩子一样,青少年的大脑很容易分心,导致他把车开得太快、太远,车上却没有车速表,也没有油量表,甚至连侧视镜和后视镜都没有。更糟糕的是,他不喜欢驾驶教练总是唠叨,让他在变道前检查盲点。

对青少年说话——该与不该

我在和安吉谈话时,脑子里想的最不着边际的一句话(当然也是我最不可能对她说的话)是"振作起来,更加努力地去生活"。每天起床对安吉来说都像是在打仗(她的原话)。为了完成最基本的日常任务,她已经付出了巨大的努力。她最需要的是早上起床时少花些力气,而不是再努力一些。向她解释她的恐惧有多不理性,或者她是一个生活多么优渥的孩子,对她没有任何好处。事实上,她父母曾经尝试过这样做,但毫无效果。

对于青少年(也许尤其是对青少年,因为他们的年纪够大,已经能够懂事了),我们倾向于**解释**,希望能让他们明白自己有多不理性,或者他们需要做这样或那样的事情才能感觉好起来。你在教他们自我调节的时候可能也有同样的本能——试图**告诉**他们什么是自我调节，为什么自我调节是他们补充能量的重要方式。可这样做有一个问题。他们可能正处于一个发展、巨变的阶段，但压力升高所造成的影响与他们小时候完全一样；当他们进入战斗、逃跑或僵住状态时，那些前额叶系统也会关闭。当这种情况发生时，他们完全无法理解你在说什么，就像他们小时候一样。如果你太过努力地强调一个观点，他们的边缘系统同样容易过度唤醒——也许比以往更容易。

有一些非常真实的现代压力源可以解释，为什么我们会在青少年中看到这么多焦虑。但是在我们与他们谈论这些，并试图帮助他们认清压力的影响之前，我们需要帮助他们完成自我调节的五个步骤。对青少年来说，最重要的是**他们**要独立完成这五个步骤。也就是说，**他们**需要认识到某些事情的重要性，比如难以起床或者在晚上情绪失控；**他们**必须弄清楚他们的压力源是什么，然后弄清如何减少压力；他们必须了解（或重新了解）平静是什么感觉，并弄清哪些东西能安抚他们，帮助他们恢复能量。

对于当今的父母来说，做到这些尤其困难，这是因为青少年暴露在众多压力源中，但他们和我们都没有意识到这一点。让事情变得更困难的是，他们往往会坚称这些压力根本不是压力！即使青少年在试图拒绝父母，父母仍要迈出第一步，去帮助孩子补充能量，因为孩子如果能量耗竭，就什么信息都听不进去。有一些非常有说服力的原因可以解释，为什么青少年容易陷入这种状态。

青少年为什么需要大量能量

每个父母都知道，孩子的热量摄入会从青春期开始激增。一个活跃的 14 岁孩子需要的热量可能是一个活跃的 8 岁孩子的两倍。这种能量需求的激增显然与迅速的生长和活动水平的增加（在理想情况下）密切相关，但不完全是由这些原因导致的。另一个重要因素解释了青少年为什么需要消耗那么多的能量。

青春期预示着孩子**对压力的敏感性急剧增加**。我们可以看到边缘系统和 HPA（下丘脑－垂体－肾上腺轴）通路的显著变化——体现在皮质醇水平的升高或降低上。这些神经内分泌系统控制着对压力的反应，并调节着许多内部过程。这就好像青少年的神经觉系统被重新校准了，而不仅仅是杏仁核发生了变化。他们对环境压力源（视觉、听觉、嗅觉、触觉压力源）和最重要的社会性压力源变得更加敏感了。

社会性压力尤其严重。近年来的研究表明，青少年对"消极情绪线索"（皱眉、面部扭曲、尖锐的语调）表现出了高度的敏感性，不但如此，即使情绪线索不是消极的，他们依然会对这些信号表现出高度的消极倾向。值得注意的是，青少年在情绪识别任务上的表现比他们在童年时的表现更差。在青少年时期，他们倾向于将中性的面部表情视为有威胁的。他们越疲惫，就越有可能将温和的面部表情或语气视为威胁。

这种情况为什么这么严重？因为这意味着孩子的警报系统变得更敏感了，有的青少年甚至稍有风吹草动就会拉响警报。

青少年的杏仁核就像过度敏感的烟雾报警器，你仅仅是烧一壶开水，它就会响起来。每一次警报响起，紧张感就会激增，能量消耗也会急剧上升。此外，睡眠不足大大加剧了应激反应和消极倾向，而我们可以看到当今大多数青少年的睡眠时间大大减少了。

16岁的孩子仍然需要每晚大约9个小时的睡眠，甚至可能更多。现在很少有孩子能经常睡这么久。睡眠不足还会对纹状体系统造成深远影响，这个系统是与奖赏相关的决策有密切关系的脑区。睡眠不足的青少年倾向于承担更大的风险，更不关心可能的消极后果——后果发生之后才追悔莫及！然后青少年的压力会飙升，导致他们做出任何理性头脑都难以理解的行为。

青少年不是孤岛：俱乐部、小团体，以及社会联结的安全感

在长期的"亢奋"（ergotropic）状态下，压力会消耗大量的能量，为了从这种状态中恢复过来，你的孩子能做些什么呢？增加体育活动、瑜伽、乐队与剧团，以及冒险项目都被证明具有很强的恢复作用。不过，这些活动只有在小团体中进行时才是最有益的。其中也有一种来自演化的关系模式在起作用。早期人类生活在100～200人的社群里，所以当青少年聚在一起玩耍、旅行或狩猎时，他们的人数会很少，而这是他们感到安全和有保障的一个关键因素。

想象一下，你身处一所高中，你的年级里有几百个孩子，而学校里可能有几千人——这足以让你感觉自己很孤独、很不起眼。在我待了一天并观看了橄榄球比赛的大卫·W. 卡特高中，以及大多数以橄榄球队为特色的学校里，球队是一个与众不同的团体，即便在1800名学生当中也是如此。所有球员穿的T恤或运动衫都印有牛仔骑野马的图片。我拦住一行三人，问他们关于运动衫设计的事，他们解释说，这是球队的名字——"牛仔"。这标志很明显是一种自豪的来源，而他们的队服则是自豪的另一个来源，为他们赢得了整个社区、学校及其他地方的尊重。这里涉及的东西不仅仅是自尊。他们的社会身份认同就是这份保障感的来源。

这是我们人类的天性，尤其是青少年的天性。青少年需要那种围绕着一个共同目标的小型团体活动，这些活动需要奉献、牺牲，以及某些比自我满足更重要的事情。如果他们要培养抗逆力，就必须经历成功和失败。而如果他们要发展出在逆境中继续前行的动力，他们就必须一起经历成功和失败。个人的身份认同感不会来自一个自身没有强烈认同感的群体。要发展出群体的认同感，就必须有一些鼓舞人心、有挑战性、确实能够激励团队的东西。

令人担心的是，许多青少年放弃了需要技能、练习和奉献的传统团体活动，而倾向于选择"替代性"的团体体验，例如网络游戏，这些体验中所需的"技能"是虚假的，在很多方面都是微不足道的。那些花了无数时间精通某种网络游戏的青少年是新的互联网"明星"。就在最近，我在放学的时候和一群十几岁的男孩聊天，他们告诉我，他们每个人都必须回到自己家里，然后才能一起玩。我一脸困惑，他们向我解释说，他们会用 Skype 软件联系，在一个网络游戏中一起玩或者对打。就其本身来说，这件事是完全无害的，甚至很有趣。但如果这些活动成了青少年同伴互动的主要模式，问题就出现了。

一百多年前，生物学家雅克·勒布（Jacques Loeb）发现了为什么昆虫要费力爬上食物丰富的树冠。很长一段时间以来，生物学家都认为昆虫一定是有一种寻找食物的生存本能。但勒布发现，昆虫有一些光感受器，能把它们吸引到光线最强的地方，也就是植物顶端，那里恰好有着最丰富的食物。对于那些沉迷电子游戏或社交媒体的青少年来说，那些满足他们的感官刺激和社交需求的产品不会让他们找到丰富的"食物来源"，而且，正如我们将在下一章看到的，实际上还可能让他们进一步"挨饿"。

团队运动很有利于青少年的社会参与和支持系统，但当然，不是每个青少年都需要或能够成为运动员。自古以来，思想家、艺术家、发明家、说书人、诗人、科学家、商业巨头和有抱负的政治家都有人做——当然，这些"身份"绝对不是互斥的。重点不在于青少年不应该玩电子游戏或者上 Facebook，而是当这些东西过了度，就会对青少年的压力水平造成有害的影响。

如果你的孩子是团体中的一员，无论这个团体是冲浪爱好者、摇滚乐队、国会议员竞选团队，还是其他团体，你都需要确定，他的参与是增加了他的压力，还是减轻了他的压力。这一点同样适用于电子游戏或社交媒体。有些家长看重游戏活动如何帮助他们的孩子与同龄人建立某种关系；还有些家长则看到了沉迷游戏的糟糕迹象，于是采取了极端措施来消除他们眼中的危险成瘾。

就游戏成瘾而言，我们看到了许多相关的健康问题（背痛、头痛、眼疲劳、腕管综合征）；攻击性增强或人际交往能力问题；还有在学校的注意力和动机问题。过度使用社交媒体与被排斥感、取悦他人的压力、偏执、嫉妒他人生活方式和抑郁等问题有关。过度玩电子游戏或花时间在社交媒体上，非但不能增强安全感和保障感，反而会产生相反的效果。青少年需要从彼此身上得到的不仅仅是娱乐：他们需要同伴帮助他们应对压力。

长期以来，焦虑一直被视为一种弱点，这种看法又大大加剧了焦虑问题。我在安吉身上就看到了这一点。除了她所承受的所有生理压力之外，她还把自己的痛苦视为一种严重性格缺陷的表现，这只会进一步加剧她的焦虑。我们第一次会面结束后，她含着泪问道："我为什么这么可悲？"她必须明白的是，所有青少年都必须明白的是，软弱与焦虑或抑郁的原因毫无关系。

对孩子来说，焦虑是自主神经系统过度紧张的表现，对青少年来说也是如此。高度焦虑是边缘系统长时间唤醒的一个无可争议的表现，是压力过大（通常涉及所有五大领域）再加上缺乏各种社交活动的结果。从青春期开始，社交活动就能帮助青少年缓解紧张，从疲劳中恢复。你作为调节者的任务并没有结束,但是随着孩子脑间联结的发展,他的同龄人成了关闭报警系统的重要角色,在某些方面就像你在他小时候所做的一样。尽管社交媒体有它的优点,但它并没有为安吉扮演这个调节者的角色,就像它没有为许多有社交焦虑的青少年起到这样的作用一样。

真正的"面对面交流"对于增强青少年的社会支持至关重要

社会参与是大脑处理压力的第一道防线,它需要"近距离"互动:触摸、注视、共情地倾听,以及舒缓的声音。我们对近距离互动的需求一直持续到我们生命的尽头,这就是为什么如果老年人属于某个社会团体,他们就能过得更好。诸如电话或社交媒体这样的"远距离"互动,能满足一些对联结感的需求,但不能代替近距离互动。这种互动不利于培养安全型依恋。青少年需要从彼此那里获得这种依恋,才能应对他们正在经历的生理和社会性变化。

令人担忧的是,尽管现代科技为学习和个人发展带来了丰富的可能性,但媒体的某些方面可能会导致青少年的高度焦虑。这当然是很多青少年睡眠不足的一个重要原因。研究还表明,人们有理由担心孩子的饮食模式会受到影响——而这会进一步增加他们对丰富感官刺激的需求,这样会使已经超负荷工作的自主神经系统更加不堪重负。

其他压力源还包括青少年在生活中几乎所有方面都面临的

激烈竞争。除了传统的成绩与人气的压力之外，证明自己的压力往往来自比以往任何时候都苛刻的表现标准：名校、社交媒体上的"名气"和物质上的成功。

我们怀着最好的意愿，也许还有过分的期望，在很多情况下创造了一种忽视孩子基本发展需求的高中体验，以及一种倾向于追求完美的表现标准——一种既不明智又不可持续的表现标准。这最后一种趋势尤其令人不安。最近有人问我，我们能否把自我调节引入一个以拥有众多顶级科学家和工程师闻名的远东国家。为什么这么问？政府对该国青少年心理健康问题的激增深感担忧。

错位理论说，吃好、睡饱，去散步！

《错位：为什么我们的身体不再适应世界》(*Mismatch: Why Our World No Longer Fits Our Bodies*)一书阐述了前文提到的格卢克曼错位理论的基本原理：我们的生理和环境之间的错位越大，我们内部系统承受的压力就越大，付出的代价也越大，即使我们发展出了在恶劣环境中生存的策略也是如此。压力过大的青少年就是错位理论的典型代表。该理论适用于自我调节及其五大领域——包括他们吃什么、睡得如何，以及他们在醒的时候做什么、不做什么。

我们先从他们盘子里（或快餐盒里）的食物讲起。我们牙齿的形状告诉我们，我们的祖先花了大量时间咀嚼块茎和坚硬的肉。咀嚼其实有自我调节的作用，因为这种动作能释放有镇静作用的神经化学物质，这无疑是口香糖在青少年市场大受欢迎的原因——嚼烟也是如此。这一代青少年吃的主要是高度加工的食品，需要极少的咀嚼，营养成分也令人怀疑。健康倡导者一直在努力将垃圾食品列入黑名单，这样做的原因我们都听过，包括肥胖症的流行、糖尿病和其他青少年慢性健康问题的增加。现在的研究表明，垃圾食品破坏了唤醒调节的机制，这是一种影响所有五大领域的系统性威胁。所以，饮食在导致错位的一众原因中位列前茅。

考虑到我们今天在各种采猎民族中看到的巨大差异，要推测人类原始的睡眠模式几乎是不可能的。但有一件事我们是清楚的，那就是电灯泡以及近年来的蓝光屏幕的发明，对睡眠模式产生了深远的影响。我们在这方面的数据表明，青少年平均每晚的睡眠时间比十年前少了 1～2 个小时，如果你的孩子不是这样，我会很惊讶的。

然而，在所有的错位中，最严重的应属**缺乏运动**。无论青少年在古人类离开非洲的过程中是否扮演了重要的角色，我们可以肯定地推断，他们在一天中的活动很多，非常多。事实上，对现代采猎民族的研究发现，他们的步行量从现代城市生活的角度来看非常惊人——每天 3 万～4 万步。几年前，我在马达加斯加岛做了一些工作。在一次旅途中，我要坐车从岛的一端穿过内陆到达另一端。一路上，我们看到十几岁的孩子在多山的高速公路上走来走去，他们大多都从家里带来了一些要在镇子集市里卖的东西，或者带着从那里买的东西回家。这些城镇到他们山顶村庄的距离通常有 10～15 英里！他们几乎每天都要走一个来回——他们大多数人都是赤脚，或者穿着人字拖！

对青少年来说，步行对于减轻压力非常重要，这不仅仅是因为他们走路的时间越多，花在游戏或社交媒体上的时间就越少。步行对他们的心血管健康、肌肉和骨骼力量非常有益。步行还能促进组织废物的清理和紧张的释放，还能释放内啡肽，对焦虑时激活的神经元有抑制作用。他们能享受到阳光、新鲜空气、大自然的声音和风景。有节奏的步伐能产生一种类似冥想的、自我催眠的状态，能促进创造性和恢复精力。此外，步行还能给脚带来温柔的按摩！

我们知道，久坐是青少年肥胖症流行的一个因素；久坐不动的生活方式对情绪的影响同样重大。就像许多与情绪问题做斗争的青少年一样，安吉也受困于久坐不动的生活方式，她需要帮助才能活动起来，并让身体活动成为她日常的一部分。许多学校都很重视这一点。在实行自我调节的高中里，我所见过的一些最有效的做法就是在课堂中加入少量的运动。例如，根据学生对一个问题的答案，让他们去教室的不同位置。许多教师会定时给学生一些提示，让他们站起来伸展身体，或者做一次平静的呼吸。我们在"星火自我调节"倡议（Spark Self-Reg initiative）中看到了很好的效果。该项目在教室后面放上了动感单车，如果学生觉得需要，他们就可以去使用。许多父母告诉我，像 Wii 健身或 Wii 舞蹈这样的游戏机能帮助他们的孩子运动起来；某些不是专门用来健身，但涉及一些身体活动的志愿活动，也能起到让孩子动起来的作用。

帮助青少年了解自己

散步和更剧烈的运动只是启动自我调节过程的一种方式。要想真正做到**自我**调节，青少年必须发现自己在所有五大领域中的压力源。**他**必须知道什么样的活动能让他恢复平静、专注和清醒的状态，什么样的情况需要避免或事先做好准备。最重要的是，他自己必须意识到自己什么时候能量不足，什么时候真的很紧张。至少在一开始，青少年最需要父母在这些方面帮助他们。

青少年倾向于关注他们所处的情绪状态，而不去反思他们的身体状态。强烈的消极情绪可能让人不堪重负，以至于青少年无法意识到身体状态与情绪状态之间的联系，更无法意识到他们此刻的能量耗竭、紧张失衡和随后的情绪状态之间的复杂联系了。

如果一个青少年正在与侵入性思维做斗争，有着强烈的消极倾向，在电子设备的屏幕前花费太多的时间，被成瘾性物质所吸引，或者在盲目地寻求刺激，那么劝告他增强自我控制是没用的。即使我们教给青少年适应性的应对策略，或者把他们置于某种需要协作解决问题的环境里，如果他们缺乏自我觉察能力，他们依然不太可能掌握或运用新的认知或社交技能。

当今有关青少年的科研文献有一个突出的主题，那就是我们严重低估了童年期的持续时间。对青少年大脑的研究告诉了我们，青少年做决定或评估风险的能力有多差。因此，我们需要确保他们继续接受他们需要的成人指导，以弥补他们仍不发达的执行功能。这一点很重要，因为这要求我们换个角度看待青少年的冒险行为，理解与寻求感官刺激相关的生理因素，也要求我们更多地去理解那些可能导致青少年做出更危险的冒险行为的认知加工局限。这种对于青少年大脑的新理解激发了大众的讨论，这是一个很好的开始。现在，我们需要看到神经学、生物学、认知、社会行为和情绪调节等方面是如何一同导致压力循环的，这样我们才能给予孩子用来管理自己的"一级方程式赛车引擎"所需的工具。

为青少年提供工具，但**不要试图替他们做事**，这是至关重要的。当人们从婴幼儿的父母转变为青少年的父母时，他们应该记住这两者之间的区别——从演化的角度来看，这一区别很重要。毕竟，大自然不可能让一个物种需要父母密切监控长达20～25年之久，因为不能指望父母能活那么久！

这并不是说，父母和学校越来越关注青少年的冒险行为是不对的，而是在说，这样的需求可能明显是现在才有的——当代环境需要更多的成人指导，因为导致身心失调的因素越来越多了。

对父母来说，挑战在于如何加强必要的父母指导，帮助青少年在当今世界中安全地驰骋，并且能够后退一步，让青少年自然地发展，正如我们在本章中谈到的那样。毕竟，世界各地的成人仪式都表明，人们一直把青春期视为从依赖转变为独立的巨变时期，并且伴随着由此而来的各种责任。我们必须小心，不要出于对当代风险的善意考虑，采用与青少年大脑发展最基本的需求背道而驰的教养方式。

倪克斯

从一进门起,这个来见我们的15岁女孩就很引人注目。她穿着一身黑衣,留着短而尖的发型,耳朵、眉毛和鼻子上都钉着饰钉。但引起我们注意的不是衣着或穿孔饰品,而是她流露出的悲伤和愤怒。她给自己取了一个哥特式的名字:一个让人联想到黑暗和混乱的名字[一]。她拒绝别人叫她自己的名字"玛丽·凯瑟琳"。"倪克斯"现在是她唯一接受的称呼,每次她母亲说出这个名字时,你都能听到她声音里的哽咽。

她妈妈有好几次告诉我们,她不明白这个小女孩到底是怎么了,她曾经最喜欢打扮成公主,每次都要花几个小时玩洋娃娃。据她妈妈说,她小时候是个完美的婴儿。她差不多一开始就能睡一整晚,也很少哭。她会整天都心满意足地躺在小床上,摸着不同质地的围垫。有一位朋友告诉妈妈,刺激婴儿的感官有多么重要,于是她在床上方挂了一个彩色的挂件玩具,这个婴儿很喜欢盯着它看。后来,等孩子长大一点之后,妈妈又买了一个起同样作用的活动地垫。这个孩子会躺在垫子上,盯着悬挂的各种东西,一看就是几个小时,或者用手在不同质地的东西上摩擦。

妈妈和爸爸都很努力地和他们的小女儿互动,但他们一致认为,似乎当她一个人待着的时候,她才最快乐。当父母做傻乎乎的鬼脸或者唱傻乎乎的歌时,她通常会微笑和大笑,但这对父母说,她"只是那种喜欢一个人待着的婴儿"。所以他们

[一] 希腊神话中黑夜女神的名字。——译者注

越来越多地让她一个人待着，用她妈妈的话说，他们不愿"入侵她的私人空间"。

母亲曾认真地研究儿童发展的重要节点，总是对女儿的发展有些担忧。她坐起来和开始爬行的时间，都比标准时间要晚一些，学说话和对自己名字做出反应的时间也要晚一些。但是去看儿科医生时，医生总是安慰她说："别担心，有些孩子只是需要多一点的时间。"果然，的确多花了一些时间，但女儿从来没有任何严重的运动或语言发育迟滞。

父母唯一挥之不去的担忧是，这个小女孩不想和其他孩子一起玩。上幼儿园时，她就喜欢一个人玩；上小学时，她从不在课间休息时和同学一起喧闹，总是一个人坐在角落里。她从不参加生日聚会，也不愿自己办生日聚会。她母亲也天性孤僻，于是她说："她肯定是遗传了我的性格！"

妈妈试图让她对芭蕾课产生兴趣。她三岁开始学芭蕾，她似乎很喜欢穿上紧身连衣裤、紧身衣和芭蕾舞短裙。她喜欢老师给孩子发丝带，或者给她们魔杖挥舞着玩。但到了第二年，似乎总有些原因让她不能在那天去上芭蕾课：肚子疼、嗓子疼。不知为什么，对芭蕾的爱好就这样自行消失了，没有任何人明确决定放弃它。

爸爸妈妈还是很想让她多参加一些社交活动，于是他们尝试了其他课后活动。但似乎什么都不管用：足球、跆拳道或音乐都不行——甚至连艺术课也不行。她会顺从地去一两次，但总是重复同样的模式，可怕的肚子疼和嗓子疼总会突然复发。最后，妈妈和爸爸认为，既然她一个人那么快乐，强迫她做明显不喜欢的事情是很残忍的。

据父母所知,女儿没有一个真正的朋友。事实上,尽管他们不断催促,她还是拒绝参加任何形式的社交活动,不断地抱怨同龄人"肤浅""可悲"。她每次都把自己锁在房间里好几个小时,听音乐、写诗或写散文。事实上,和她沟通变得越来越难了。她成了英国摇滚乐队包豪斯的忠实爱好者,每天几乎随时都在用iPod听他们的专辑。

另一个令人担心的方面是,她长胖了许多。她一直都有些胖嘟嘟的,但现在严重超重了。有生以来第一次,她有了睡眠问题。她会连续几个晚上只睡四五个小时,然后为了"补觉",睡上马拉松般的12个小时或更久。有时她的父母都不确定她前一天晚上是否睡着了。她变得更加疏远了,更难以交谈,难以一起吃晚餐。如果追问她,她只会坚持说她感觉"很好",但她的行为和情绪却表明事实恰恰相反。

她父母对她生活中的事情知之甚少,只有通过第三方他们才能了解到,倪克斯在她的Facebook主页上发布了一首诗,讲的是割伤自己的事情。他们立刻安排她去看心理治疗师,治疗师说倪克斯非常焦虑,她正在和一些很严重的愤怒问题做斗争,她既对别人愤怒,也对自己愤怒,她开始割伤自己,是因为那是"她唯一感到自己活着的时候"。

治疗师认真地强调,她并不觉得倪克斯有任何自杀倾向。用她的话说,"她没有精神疾病,但她的精神也不健康"。这是我听过的最深刻的表述之一,也适用于今天的许多青少年,人数之多也许超过了我们愿意承认的程度。

这位治疗师很熟悉我们在自我调节方面的工作，在她的建议下，倪克斯的父母带她来见我们。治疗师认为，倪克斯处于一种长期的唤醒不足状态——低能量、低兴趣，并且希望我们能帮她找出一些她面临的压力源，并帮她制定自我调节策略。全面评估表明，倪克斯有一些感官上的敏感不足，这意味着她需要更多的刺激（光、声音、触摸，甚至味道），才能感觉"正常"。这可能是她在婴儿时期被视觉、触觉刺激所吸引的原因，也是她青少年时期与 iPod 形影不离的原因，也是她喜爱那种用盐来凸显甜味的高热量食物，或者喜欢用味精刺激谷氨酸受体的原因。但除此之外，倪克斯显然还在与严重的社会性压力做斗争。

她独自长大的岁月剥夺了她学会"读心"的关键经验——从别人的手势、眼神、姿态、语调中了解他们在想什么。她也没有发展出与他人共情的能力，不能理解朋友的感受。在这一点上，我们也怀疑这些缺陷很早就出现了；她父母认为婴儿"独处时最快乐"的表现，事实上是婴儿需要多哄的标志，这样才能吸引她参与每天无数次的双向互动。这种互动能促进亲子脑间联结的发展，为那些"读心"和亲社会技能打下基础。

但是，倪克斯的问题不仅仅是难以察觉自身言行对他人造成的影响的细微迹象，她还难以调节自己的强烈情绪。妈妈说，倪克斯小时候从不生气；在她偶尔确实要发脾气的时候，她总是会去一个黑暗、安静的地方坐着，直到她平静下来。十几岁的时候，如果她面对别人的强烈焦虑或痛苦，或者她被自己的焦虑或痛苦压垮了，她就会封闭自己。

由于她表达和调节强烈情绪的能力有限，再加上麻木和孤独的感觉，她付出了可怕的代价：不仅在情绪和社会性方面，在生理上也付出了代价，这导致了她的睡眠问题，使她在压力下想吃垃圾食品。简而言之，她陷入了一个压力循环，各种不同的压力源都在影响并加剧她的自我调节问题。

归根结底，倪克斯对同伴互动的需求和其他青少年一样强烈。她缺少的是建立有意义关系所需的社交技能。为了满足这种深层次的需求，她求助于一个在线哥特文化社区，但对她来说，问题是这个社区不像传统活动那样，能将同龄人聚集在一起、起到调节作用。

倪克斯在几个不同的领域内都需要帮助。她显然必须养成更好的睡眠和饮食习惯，她需要参加一些活动来帮助她在社会性和亲社会领域方面的发展。但是，当她和父母开始自我调节的时候，非常重要的是要很注意我们在本章中讨论过的关于青少年大脑的知识点，尤其是要注意青少年对于成为小团体中的一员、为某些共同目标努力的需求。

在帮助倪克斯取得进步（在开始自我调节后）的所有因素中，可能最重要的就是加入学校的合唱团。唱歌的身体动作对神经系统有很强的调节作用，从她尝试唱歌的那一刻起，倪克斯就觉得这种体验很让人兴奋。事实证明，她有一副美妙的女高音，所以这是一项她可以出彩的活动。也许最重要的是，她现在参加了一项能让她认识其他兴趣相投的人的集体活动。她对社交的喜爱，以及对一起唱歌的热情都表明，她一直渴望成为集体中的一员。

现在,她是一个充满活力的年轻成年人,当她需要谈论一些她觉得有压力的事情时,她仍然会去找她的父母——就像我们多数人对 20 多岁年轻人所期望的一样。但她对自己的生理需求和情绪弱点有了更深刻的理解,在她上大三的时候,她已经处于一种可以说是"心理健康"的状态了。她有各种各样的朋友,不仅仅是合唱团的朋友。她把自己照顾得很好,并为自己感到自豪。也许最能说明问题的是,她选择了使用自己的名字——"玛丽·凯瑟琳"。

第 11 章

还要更多
欲望、多巴胺和奖赏系统

这些男孩在上七年级，都有一些严重的行为、情绪和注意力问题。他们的老师 W 夫人，一位充满热情、经验丰富的教育工作者，感到压力很大。"我总是不得不在教室里应付一两个很难安静下来的孩子，"她说，"但现在的情况比我以往见过的都要极端——他们真的影响了班上的其他同学。"我是周一早上去拜访他们的，而许多男孩周末都在一起玩一款暴力的电子游戏《使命召唤》(*Call of Duty*)。他们睡得很少，有一个孩子根本没睡。

得知他们每个人都踢足球、打长曲棍球或冰球后，我问他们在打完球后感觉如何，其中一个孩子脱口而出："我觉得真的很平静。"最后这个词让我大吃一惊：这就是成功的自我调节的感觉。许多孩子甚至说不出来他们什么时候感觉平静过。我问其他男孩时,每个人都说了相同的话。但是当我问"你们今天早上不得不起床去上学时有什么感觉"的时候,他们都承认:"我感觉糟透了。"他们知道每种活动给他们的感受有多么不同。可当我问"你们喜欢在外面打冰球、踢足球,还是喜欢玩《使命召唤》"的时候,每个人都异口同声地说:"待在屋里玩《使命召唤》!"这很有趣,也很令人沮丧。为什么他们宁愿选择糟糕的感受,而不选择很棒的感受?

一个类似的故事是,我们利落、沉着的接待员简和她的丈夫、两个儿子刚刚休了一个星期的春假,她回来时已筋疲力尽。原来他们被迫取消了出行计划,但为了让孩子们高兴,她为他们订阅了一周Netflix电视服务。"这确实能让他们安静下来。"她说。尽管如此,那天早上,这两个孩子都在痛苦地抱怨春假是多么无聊。她不明白。她让他们想看什么就看什么,而他们看得总是那么专注。他们怎么能说自己很无聊呢?

许多父母都在问同样的问题。有一部分答案在于,如今的孩子已经受到了过度的刺激,他们不再有自娱自乐的能力了;传统想象游戏能培养孩子的创造力和聪明才智,而现在的孩子已没有机会获得。几千年来,孩子们在一起玩古老的印度桌游"蛇梯棋",一起玩捉人游戏或捉迷藏之类的游戏,一起翻箱倒柜地玩过家家或者寻找积木。在现代电子游戏和网络游戏中,面对面游戏的肢体互动和对话消失了。在通常情况下,孩子是和电脑一起玩,而不是和其他孩子玩。自我调节能帮助我们从新的角度理解这种人际互动的缺失。

出人意料的生物学现象——无聊

没有哪个读这本书的父母，没听过自己的孩子抱怨"我好无聊"。我们把这样的表述当作孩子在描述他们的精神状态——他们焦躁不安，找不到任何有意思的事情做。但这些表述并不是真正的描述，而更像是动物的呼救（哲学家所说的"声明"）。在我们所说的情况下，这就是焦躁的原始表达。孩子无须任何语言，只要发出抱怨的声音，即无聊的普遍性标志，我们马上就能知道他们的感受。事实上，这种声音更不容易让我们误解。

研究告诉了我们过度刺激是如何导致无聊的，而自我调节则告诉了我们其中的原因。如果我们用过度刺激孩子的活动来使他感到无聊，他的皮质醇就会激增。这是因为刺激肾上腺素的活动（例如网上的战争游戏）让孩子动用了他的能量储备。这会增加他的皮质醇，即应激激素。升高的皮质醇增强了他对生理和情绪痛苦的觉察。"无聊"指的是一种独特而不舒服的身体感受，导致这种感觉的原因是血液中的皮质醇过多。

当刺激源消失时，哺乳动物脑和爬行动物脑可能会对这种不平衡做出反应，从过度唤醒状态突然转变为唤醒不足状态。这是一种古老的神经机制，目的是阻止能量耗尽和促进恢复。但孩子们觉得这种突然的转变是一种更严重的压力源——有点像你猛踩刹车的感觉。

这一切意味着，我们需要运用自我调节的第一步，换个角度看待"**我很无聊**"这句话，这句话只是表示"**我不舒服**"。

这是他们抱怨的原因。这是"娱乐"活动带来的压力过大的自然表现。如果我们不理解这一点，我们就会错误地认为我们的孩子需要更多的刺激，从而做出适得其反的事情——我们真正需要做的是减轻压力，但我们却在无意中增加了他的压力负荷。我们需要让唤醒不足的孩子恢复平静，而不是让他重新进入过度唤醒状态。

奖赏系统是如何运作的

如果你见过一些现在的经典数字游戏（也许你自己也沉迷其中），如《糖果粉碎传奇》（*Candy Crush*）、《愤怒的小鸟》（*Angry Birds*），或者其他麻木心神、"令人兴奋"的娱乐活动（这些活动让我们毫无怨言地沉迷其中），你就会情不自禁地问一个符合逻辑的问题（这也是个被科学严肃对待的问题）：如果这个活动没有什么特别有趣的地方，那我们为什么会沉迷那么久呢？

神经科学家早在20世纪90年代末就找到了这个问题的答案。当然，我们知道游戏会刺激肾上腺素的分泌，这才是重点。但科学家开始对电子游戏如何影响大脑奖赏系统感兴趣了。他们发现这些游戏会导致多巴胺水平翻倍。这是一个重大发现，这个问题的答案是成瘾科学的一大突破。

游戏会导致阿片类物质的释放，这是一种让我们感觉良好的神经激素。游戏能产生这种效果的原因有很多。这不仅仅是大脑对于赢得某种东西的自然反应（哪怕所涉及的奖励完全是愚蠢的）。游戏里的铃声和哨声，伴随着击中目标（或被击中）而出现的明亮颜色、灯光和突然的巨响，都增强了这种效果。然后多巴胺（渴望的来源）就会激增，促使大脑去寻找下一次阿片类物质的冲击——一遍又一遍地冲击。

这就是神经化学奖赏系统：阿片类物质与多巴胺之间的相互作用。大自然的设计很简单，就是为了生存：找到能提供能量的食物来源，然后让吃食物的体验变得愉快。（在很大程度上，同样的道理也适用于性，大自然想要确保我们生育后代！）阿片类物质是具有精神活性的化学物质，能产生愉悦的感觉，能缓解疼痛或压力。阿片类物质能与分散在神经系统和胃肠道的受体结合。这些物质起作用的方式是给我们注入一股能量，同时抑制那些会被疼痛、压力或焦虑激活的神经元放电。这就是它们能让我们感觉大大好起来的原因。

阿片类物质存在于母乳中，是促进进食与依恋的重要因素。这些物质是通过运动产生的，并通过触摸、拥抱或抚摸被释放出来——所有这些都是好的事情。之后，一旦一种阿片类物质与某种奖赏联系在一起（比如吃冰淇淋），尤其是在奖赏来得很快的情况下，中脑就会释放多巴胺，多巴胺会激活腹侧纹状体中的伏隔核，促使我们去寻求奖赏，并使我们感到焦虑，直到这种渴望被满足为止。事实上，我们所说的"焦虑"只是一种持续的恐惧或过度警觉状态（表现为脉搏加快、呼吸急促、出汗、瞳孔放大、感官过度敏感），这种状态会使我们保持警惕，准备保护自己或追逐奖赏。

我们只需要想到奖赏，或者遇到我们认为与奖赏有关的刺激,多巴胺就会释放。大脑还会释放其他神经递质,以提高警觉性和唤醒水平(去甲肾上腺素)、调节我们加工信息的方式(血清素)、促进恢复(乙酰胆碱)。多巴胺能产生渴望与欲望,对行为至关重要。但是**过多的多巴胺会导致不满和焦躁不安的感受**,正如简在她孩子身上看到的那样。

当兴奋消失时:再多来点儿

我们对某种东西的感觉越好,我们就越想要,直到它的影响减弱,不再令我们产生愉悦反应为止。这又会反过来促使我们去寻找更多这种东西(或者更愉快的东西)。激活奖赏系统能使人产生一种强烈的欲望,让人想要一遍又一遍地玩游戏,或者一部接一部地看电影,不再想从事没那么刺激阿片类物质和多巴胺的事情,比如阅读、打牌或玩桌游。

以暴力为主题的角色扮演游戏或第一人称射击游戏让孩子习惯于高度的唤醒水平,这使得其他更安静的游戏显得更无聊,甚至令人不快。针对儿童的现代电影也是如此。你可能已经注意到,这些电影越来越吵闹,越来越暴力,越来越不关注情节和角色发展等人性层面。这是故意的。这些电影的目的就是激活神经"兴奋点",并且创作团队在焦点小组的放映中使用了皮肤电反应、心电图甚至功能性磁共振成像来对其进行测试,以便创作者能调整其中的感官刺激,以达到预期的效果。一旦你的大脑习惯了《变形金刚》(Transformers),你就很难看完《幻想曲》(Fantasia)了。

有证据表明，高强度的角色扮演游戏可能对精细运动甚至认知方面有一些益处。但问题的核心是，大脑中的一个原始系统消耗了太多能量，使得孩子迫切需要即时的能量补充。暴力电影对于大脑的作用也是一样的。诗人、哲学家塞缪尔·柯尔律治（Samuel Coleridge）在 1817 年谈到"自愿的怀疑中止"（读者暂停对于故事各方面的理性判断）时，他在一定程度上是在暗指我们现在所理解的边缘系统的运作方式——前额叶皮质在这种压力的作用下停止工作。对于电影主人公遭遇的险境，你可怜的哺乳动物脑会做出反应，向爬行动物脑发出信息，让你的心跳加速。喧闹的音乐和突然的闪光与色彩会加剧这种影响。由于你哪儿也去不了，积累的紧张感便也得不到释放。曾有人劝我带孩子去看这样的电影。电影结束后，我几乎不是走到大厅去的，而是跌跌撞撞地晃到大厅去的，因为我的边缘系统刚刚跑完一场马拉松。我四周都是卖零食的小吃摊，那里卖的东西通常我都不会碰，但我此时对大杯饮料的渴望已经控制不住了。

这不是巧合。垃圾食品是与暴力游戏和电影一样的奖励。关于垃圾食品，最值得注意的是它刺激多巴胺释放的方式。为了激活多巴胺受体，这些"食物"（这些加工过度、人造的东西很难称得上是食物）必须最大限度地刺激阿片类物质的释放。事实上，在某种程度上，天然的食物也会起到这种作用：糖、小麦、牛奶，甚至肉类。

为了创造一种超级美味的食物，技术人员试验了各种脂肪、糖和盐的组合，还测试了各种气味、外观、复杂的组合与质地，以达到让阿片类物质释放最大化的"最优解"。这样能刺激多巴胺的产生，而多巴胺能促使我们产生渴望，提升销量。从食品生产厂商的角度来看，阿片类物质释放的好处在于，这种效果会逐渐消退，但维持强烈渴望的多巴胺的效果却不会。

正是因为电子游戏设计师、电影制片人和食品科学家的工作如此出色，神经科学家和公共卫生官员才开始关注这些超级兴奋剂的影响。问题在于，那种"多巴胺飙升"的影响极其强大，以至于能够控制自主神经系统。这种效应会避开大脑要求休息、恢复或满足的自然信号，所以孩子会一直玩、吃个不停，即使他早就该停下了。

问题不仅仅在于阿片类物质 - 多巴胺回路，而是这些游戏或食物会让孩子的能量比刚开始时**更加枯竭**，因此需要更多的阿片类物质。这种超级兴奋剂并不会以同样的方式影响所有孩子，即使对于那些在某种程度上"成瘾"的孩子来说，其影响也远没有酒精或毒品严重。但是，这种问题的确令人担忧，不仅是因为这种习惯可能会培养一种倾向——随着孩子的年龄增长，他们可能尝试更危险的、用化学物质增强的阿片类物质，也是因为这会对孩子的情绪、行为和健康产生更直接的影响。

然而，也许最大的问题在于，这些超级兴奋剂是如何干扰那些缓解压力的自然活动的。例如，咀嚼薯片或巧克力棒不仅没有吃苹果带来的持久自我调节的好处（既是咀嚼的作用，也是苹果的缓释能量的作用），还会扼杀孩子吃苹果的意愿。

更让人担心的是，如果摄入过量，薯片和软饮料实际上可能会增加孩子的压力。例如,下丘脑会对血液里盐分升高做出反应,试图将其排出,因此脱水的儿童和青少年数量惊人。脱水会导致几种重要矿物质的缺乏,影响我们清晰思考的能力。能量的突然大起大落也可能对唤醒调节和清晰思考的能力造成严重破坏。所以,对于吃太多这些食物或玩太多这些游戏的孩子来说,他们思考自己在吃什么、做什么的能力可能会被削弱。孩子对这些产品越上瘾,就越想要那些最初让他陷入这种状态的东西。这一代孩子绝非受到足够刺激、需求得到满足的孩子,恰恰相反——他们是受了很多刺激,需求却未得到满足(其实是无法得到满足)的孩子。

驯服野兽:关注内在线索,帮助孩子掌握主动

导致渴望的有关因素并非只有我们在吃某种食物、做某件事情时的愉悦感,还有我们在形成这种"刺激-奖赏"联系时所处的身体和情绪状态。下面这四种因素是紧密相连的:身体、情绪、阿片类物质、多巴胺。当孩子处于与第一次吃薯片(或玩刺激性游戏)时相似的疲惫和焦虑状态时,他的边缘系统会突然提醒他上次有这种感受时的后果。

事实上,我们在毒品、酒精和其他真正让人上瘾的东西上也看到了同样的现象。几十年来,父母一直在接受这样的信息:毒品的成瘾性极大,一次接触就足以让脆弱的青少年上瘾。但经过多年的仔细研究,我们现在知道,让青少年脆弱的不是某种大脑无法控制的强大化学反应,而是青少年某种**身体**

和情绪状态——这些身体情绪状态会促使青少年寻求某些化学方法来压抑自己的感受。除此之外,研究表明,有效控制青少年毒品使用的方法不是试图使他们难以获得毒品(这很可能是做不到的),而是解决他们的压力负荷问题——正是压力负荷促使青少年试图以危险的、适应不良的方式抑制自己的强烈痛苦。

自我调节强调自我觉察。学习观察内在线索,能帮助孩子培养对身体和情绪状态的正念关注。如果不关注这些身心状态,孩子就可能陷入不健康的刺激-奖赏模式。正如乔纳的故事所体现的那样,自我觉察往往预示着转机。

乔纳

和父母一起来找我们的时候,乔纳时年九岁。第一天走进我们的办公室时,他心情有些低落,嘴里嚼着薯片,但显然没有意识到自己在做什么。乔纳有些超重,但不肥胖;更令人担心的是,他看起来并不健康。他的皮肤有些苍白,脸上明显有一种紧张的表情。但真正让我们意识到可能有问题的是,在他吃完那袋薯片后,随即从口袋里又掏出了一块巧克力。

他们一家人来找我们,是因为乔纳在学校时注意力难以集中。他不是特别多动,只是注意力不集中。并不是他打扰了别人,或是无法专注于自己选择做的事情,而是他似乎总是畏缩、发呆。他的老师跟父母报告说,她"差不多得站在他面前",大声叫他的名字,才能引起他的注意。她建议让乔纳去看心理医生,"改善他的动机",因为"如果他不开始努力集中精神,等升入高年级时,就会遇到各种各样的麻烦"。我们都能看出来老师说得没错。

在我们谈话的过程中,乔纳嚼着薯片,显然,他想的不是如何努力集中精神。实际上,除了下一片薯片,很难说他脑子里想的是什么。他似乎处在一种"自动驾驶"状态里,不仅没有意识到自己在吃什么,也没有意识到自己在吃东西。他不停地把一片又一片薯片塞进嘴里。空袋子的响声就是他魂不守舍的标志。

这和我们当中的许多人,以及许多(甚至大多数)孩子的情况没什么不同。垃圾食品无疑是当今我们在孩子当中看到的最严重的流行病(除了肥胖之外)的重要促进因素。这是一种"心不在焉"的流行病——他们不仅对自身内在和周围发生的事情浑然不觉,还常常不知道自己在做什么。只要看乔纳一眼,我们就知道这种"心不在焉"(对吃东西、对其他一般的事情都心不在焉)对他来说是一个问题。

作为与乔纳工作的一部分,我们教他认识到,当他想吃薯片或巧克力棒的时候,身体在告诉他,他的能量已经耗尽了。但我们并没有一开始就讲营养,讲他这个年龄的孩子需要多少能量,讲他需要补充能量、不让自己能量耗尽。相反,在第一次会面结束后,我问他能否为我做一件事。我想知道当妈妈车里没油的时候会发生什么。妈妈同意让油箱里的油耗尽,并确保当油箱指示灯亮起的时候,乔纳坐在车里。

在接下来的那周,乔纳回来后兴奋地告诉了我发生了什么:红灯亮起时,他父亲告诉他,这是因为油箱里有一个浮子,当浮子降得太低时,就会点亮仪表盘上的指示灯。于是我问他,他的"油箱"里有没有类似的东西,在他的"燃料"很少的时候会触发某种信号?他想了想,最后还是放弃了,求我替他回答这个问题。我没直接回答,而是问他:他脑子里那个让他去拿薯片或巧克力棒的小声音,会不会就是这样的信号?他认真地想了一会儿,当他看出其中的联系后,露出了灿烂的笑容。

我们还有很多工作要做:要帮助乔纳了解自己的压力源是什么,以及压力会如何消耗做其他事情所需的能量(比如在课堂上认真听讲,或注意我们吃的食物);帮他寻找更有效的方法来应对压力过大的感受,而不是去吃垃圾食品,并在学校里心不在焉。但最初的这个顿悟对于改变他的人生轨迹来说,是至关重要的。这代表了关键的一步,即发展出调节自己所需的**自我觉察能力**。这样做的目的不是让他抑制那些渴望。这种渴望是杏仁核、眶额皮质和伏隔核(整合情绪、情绪行为和动机的脑区)深处形成的一些强烈联想的产物。我们工作的目的是让他认识到这些"渴望"的意义。

应急响应系统调用的重新引导

我们所有人(孩子和成年人一样)都会在压力过大时被超级兴奋剂吸引。在过去,我们会试图通过鼓励孩子培养更多的自控力来对抗这些渴望。但是,与这些诱人的欲望做斗争是非常消耗能量的,而且这种行为本身就会带来很大的代价。我们一旦开始这种斗争，就注定会失败，因为我们在抑制强大冲动上花费的能量越多，我们就越容易在当时或不久之后向冲动屈服。因此，看似成功的节食往往都会带来反弹效应。

自我调节这一替代方案则是解决这些冲动的根源，这样我们就不必与欲望做斗争了。这不是要让我们的孩子了解超级兴奋剂的危害。自我调节告诉我们，我们根本不应该从**认知**的角度来看这个问题——当渴望出现的时候，人们就听不进去有关超级兴奋剂的危害了。这首先是生理和情绪上的问题，是能量消耗与恢复的问题。你不能和被唤醒的边缘系统讲道理，而是要安抚它，中止它的一种最原始、最本能的功能。

大脑边缘系统不仅仅是一个报警系统，也是一个在你能量耗尽时的"应急响应系统"。这个应急响应系统会搜索它的记忆，寻找过去有安抚作用、能迅速提供能量的东西。吃甜甜圈可能合情合理，因为这不仅能让人感觉舒服，还能迅速带来能量。此外，在这种情况下，抵制甜甜圈的诱惑需要加倍努力地控制自己，这是一种更大的能量"消耗"，会让我们更容易受到诱惑——不仅是更容易受甜甜圈的诱惑，也更容易受到立即缓解压力、提供能量的其他奖赏的诱惑。（酒精和毒品恰恰就是这样的东西。）

孩子的唤醒越是过度或不足，大脑的应急响应系统就越会处于高度戒备状态。在这种状态下，孩子会想吃高热量而非高营养的食物。在研究超重儿童的过程中，我们发现的最有趣的事情之一，就是身体活动之后，当他们变得平静、专注而清醒时，他们就想要喝水、吃水果或喝酸奶。这是因为大脑有一个需求优先级,除了对能量有着基本需求之外,它还会发出信号,以满足身体对水分、维生素、矿物质或缓释碳水化合物的需求。在危机状态下,大脑会选择燃烧垃圾食品的卡路里,但在平静时,它更喜欢高质量的燃料,以达到最佳的健康状态。

甜甜圈和新鲜水果都是可选项,但是(这是一个重要的"但是")**自我调节的目标不是试图压抑对甜甜圈的旧联想和美好回忆,而是创造新的、积极的联想**。我们学到的最重要的一课是,你不能通过试图说服儿童或青少年不再吃或玩对他们不好的东西来达到目标,而是要让孩子认识到他们在做一些事情时的感受,减少他们的紧张,补充他们的能量。一旦他们的应急响应系统回到待机状态,渴望就会迅速改变。这样一来,当对能量的需求增加时,下丘脑就会在记忆中寻找最喜欢的能量来源,找到更健康的选择。

灯光、行动、过度:围绕着"城市化一代"的压力源

花时间待在大自然中,对自我调节能起到关键的作用,尤其是当孩子有相关的积极体验和联想时更是如此。当压力过大的边缘系统去寻找奖赏的时候,这些积极体验和联想就会成为奖赏。想象一下,你的孩子喜欢在户外散步,在树下放松,而不是想再多玩一小时电子游戏。想象一下,等他长大一些后,在深刻而持久的童年回忆中,大自然曾是——现在依然是——一种平静、快乐或安慰的来源,于是当一天的压力变得难以忍受,他想要快速补充能量的冲动激增时,他可以回到那里去。

随着孩子生活中的许多方面变得越来越"城市化"——从明亮的灯光到拥挤的环境，再到"永远在线"的社交媒体和线上生活，要培养孩子与自然的关系变得越来越具有挑战性了。据估计，全球有 50% 的儿童（预计到 21 世纪中叶将增加到 66%），美国和加拿大有 81% 的儿童生活在城市或城郊环境中。即使那些生活在乡村地区的孩子也经常每天花好几个小时在电脑游戏或社交媒体上。从某种意义上说，无论这些孩子生活在哪里，他们都是城市化的一代，睡眠不足、人造灯光、喧闹的活动、人群、交通、工业噪声等无处不在的压力源，以及在某些情况下的贫困和长期的逆境，都对他们造成了不利的影响。

在过去几年里，许多科研论文都将城市化视为儿童和成年人压力增加的一个主要原因。发现和理解这些累积压力的影响，也有助于我们理解它们对奖赏系统的影响——这样的影响给孩子增添了额外的风险。

例如，睡眠不足会影响杏仁核，而科学家担心，城市夜间灯光可能会对这一机制造成不利影响。人们也对电脑和其他电子设备屏幕发出的光有类似的担忧。为什么呢？我们要再次回顾下丘脑作为大脑主控系统的作用。或者更确切地说，我们要审视下丘脑中的一个翅膀状的小结构，即**视交叉上核**，它调节着身体的昼夜节律。视交叉上核会对内部信号做出反应，产生一些神经化学物质，使身体保持接近（但不完全是）24 小时的周期状态，而它需要一些外部线索（主要是光）来保持这个 24 小时的时间表。说得更深入一些，这个周期和机制是唤醒调节和奖赏系统的组成部分。

下丘脑对疲劳的反应就像其对令人害怕的事物的反应一样：提高唤醒水平，使杏仁核发出警报，并且在基于恐惧的记忆中搜索能立即安抚自己的东西。下丘脑也可能会启动各种系统，扫描环境中的潜在威胁——如果唤醒足够强烈，人就会觉得草木皆兵。所有的噪声、突然的叫喊和暴力、交通和污染，都会激活杏仁核，导致我们在本书中看到的所有心理、认知和行为后果。

与城市生活相关的压力突然再次成为热门话题的原因，以及我对此感兴趣的原因，并不是我们在世界上每个城市所看到的严重交通堵塞——实际上，是安德烈亚斯·迈耶-林登堡（Andreas Meyer-Lindenberg）实验室在2011年发表的一篇论文，将城市化与杏仁核、前扣带回皮质的激活增强联系在了一起。

这些正是我们在自闭症儿童身上研究的系统。我们在我们治疗的孩子身上发现，当我们降低他们的唤醒水平时，大脑中用于思考、选择、重新评估等功能的部分都激活了：从本质上讲，这些孩子开始掌控自己的思维、情绪和行为了。迈耶-林登堡提出，城市化造成的影响，似乎与我们在开始治疗前的儿童身上观察到的现象非常相似。

重要的是要记住，会导致杏仁核过度唤醒的因素可能不止一个——来自各个领域的压力源和多种健康、发展问题都可能导致这个结果。也许对我们当中的许多人来说，城市环境的确会导致睡眠不好：这是太多光线、噪声和整体刺激的结果。不幸的是，目前还没有很多比较城乡睡眠模式的严谨研究，但为数不多的研究表明，城乡居民的睡眠在量和质上都存在差异。不过，毫无疑问的是，科技和孩子"永远在线"的媒体使用习惯正在迅速消除这一差异。

对许多孩子来说，家庭环境的压力让自我调节变得极其困难。斯坦福大学和哈佛大学贫困研究合作中心的加里·埃文斯（Gary Evans）和珍妮·布鲁克斯-冈恩（Jeanne Brooks-Gunn），以及华盛顿的美国科学委员会的科学家的研究表明，"有害压力"（污染、噪声、拥挤、住房条件差、校舍不合格、学校与社区的高流动性、家庭冲突、接触暴力与犯罪）可能对孩子的压力反应性产生严重和持久的影响。

第 12 章

压力下的父母
我们该去往何方

如今，父母承受着巨大的压力，对父母来说，保持平静、专注和清醒并不比孩子容易多少。我指的并不是与父母个人生活相关的压力，而是与教养子女相关的压力。我可以在这里细数孩子给我们施加压力的诸多不同方式。毫无疑问，你肯定早就清楚这些压力了。但对于父母来说，有五种基本的压力源，这些压力源是他们自我调节的热点难题：

（1）孩子的社会化教育

你花了无数个小时，年复一年，日复一日，试图教会孩子"可接受"的行为规则。安静下来！刷牙！不要用力抓！等轮到你！分享！友善点儿！说对不起！如果孩子的社会化教育很容易（就像有些人说的，让孩子"正常化"），你不必重复每一个要求，那就不会有疲倦、恼怒的父母了。但这个世界充满了疲惫、恼怒的父母。从幼儿园到高中毕业舞会，你会常常发现自己陷入了"战斗"之中：孩子不想做你想让他做的事，不理解你想让他做的事，觉得你想让他做的事很难，或者只是忘记了他应该做的事。

无论从什么角度来看，社会化过程都是有压力的——对你和孩子来说都是如此。有些孩子比其他孩子更难管教，可能是性格使然，也可能是因为他们有特殊的发展需求或慢性健康问题。还有可能是因为你有需要处理的其他困难状况——疾病、工作、家庭问题，或者经济困境。如今对孩子进行社会化教育的压力有所不同。现在，年仅三岁的孩子都会因为"不当"的言语或行为而被幼儿园停学。我们已经知道，这种态度建立在把自我控制与自我调节混淆的基础之上，这样做可能对孩子造成伤害。但是，比所有这些因素都严重的是一种"零容忍"的氛围，在这种氛围中，父母总是担心孩子可能会做或说一些被认为"不可接受"的事情，最令人担忧的是，其后果相当严重。儿童和青少年大多对这种情况不太在意，就像一个三岁孩子不觉得在街上闲逛有什么问题一样，但对父母来说，这种持续的社会化任务比以往任何时候的风险都高。

（2）共同的焦虑

父母的压力水平往往很高，这并不是因为他们被孩子的言行惹恼了,而是因为他们太想保护孩子了,当孩子遇到困难时,他们也太想帮助或安慰孩子了。在我们实验室进行的一项有趣的"父母共情"研究中,我们的神经科学主任吉姆·斯蒂本(Jim Stieben)从大脑活动的角度观察了父母在观看孩子做某项令人沮丧的任务时有何共情反应。他设计的任务向孩子保证,如果孩子能得到一定的分数,就可以获得奖励;然后,就在孩子即将"获胜"的时候,游戏突然变得不可能完成了——孩子失去了积累的很多分数。(别担心:吉姆保证他们都能拿回自己的分数,这样每个孩子最后都能得到奖励!)大脑扫描显示,父母对压力的神经反应很明显(腹侧前扣带回皮质有突然的强烈活动)。

这是脑间联结功能的一部分,我们需要很认真地对待这种现象:我们与孩子的情绪波动及困境有着密切的联系。我们越是能保持平静、清醒,孩子就能越快地恢复平静与清醒,这会反过来帮助我们保持平静,进而……我想你已经明白了。

(3)内卷式养育

毫无疑问,这种内卷对父母来说是巨大的压力源,而不仅仅是孩子的压力源。这就是有些父母在少年棒球联赛或足球比赛中表现得失去理智,或者在比赛后斥责孩子表现不佳的一大原因。孩子的学业、社交或其他方面的成就也是如此。真正岌岌可危的不是孩子的成长,而是家长的地位:他们的雄心、吹牛的权利,以及(更常见的)那份无处安放的挫败感。

（4）在超级兴奋剂的海洋中穿行

我们现在知道，我们应该将超级兴奋剂视为生理压力源：一旦被过量使用，就会引发压力循环。一个长期压力过大的孩子对父母来说，是一个巨大的压力。但是，这种压力远远比不上试图让孩子戒掉超级兴奋剂的压力。

不幸的是，没有单一的解决方案，没有单一的方法能保护孩子远离垃圾食品、游戏和其他无处不在的超级兴奋剂。这种焦虑极大地增加了父母的压力。你可以尝试完全禁止孩子玩游戏、吃垃圾食品，或者让孩子戒掉任何上瘾的东西，但政府的禁令都不起作用，我们的禁令也很少有效。这一点在孩子长大后尤为明显。与之相反，我们需要疏导而非禁止。我们需要将孩子重新引导到具有调节作用的、他们觉得更有吸引力的事物上来，从而削弱超级兴奋剂的吸引力。

如今，如何做到这一点是每位家长的难题，由于超级兴奋剂在孩子生活的各方面泛滥，这种压力就变得更大了。我们需要为孩子设定界限，并解释为什么会有这样的界限，这个过程本身是有压力的，因为这常常会变成对抗。如今，当孩子争论"但其他所有人都在做这件事"时，这个"所有人"可能就是指强势的线上文化，这种文化确实为孩子规定了何为标准。

（5）超越那些过度简化而不能解决问题的标签

我们总是听说，成功教养的关键是采用某种正确的"教养方式"。这个理念建立在发展心理学家戴安娜·鲍姆林德（Dianna Baumrind）于20世纪60年代末所做的工作之上。从那以后，科学家倾向于将教养行为分为四种基本类型："权威型""独裁型""放任型"和"不参与型"。

但这种分类存在一些问题。无论你认为自己的教养方式大致属于哪种——从随和的导师到严厉的新兵训导员，没有一种单一的教养方式能保证教养是没有压力的，或者一定能带来理想的结果。此外，我们很少遵循单一的教养方式：面对孩子或我们自己生活中的不同挑战或阶段，我们可能会对孩子展现出我们人格或沟通方式的不同方面。事实上，我们很少意识到我们的教养是我们选择的"方式"。通常情况下，我们只是在用我们自己被抚养的方式去教养孩子。但是，关注教养方式的最大问题就是没有考虑到一个因素：**孩子**。

事实上，这些经典的"教养方式"只是我们出于各种原因而养成的习惯。当事情不顺利时，真正的问题不是我们采用了一种无效的，或者被证明有不良后果的教养方式。问题在于某些因素迫使我们陷入了这种消极的模式。简单地告诉"放任型"父母，如果他们继续这样做，孩子长大后就可能变得有攻击性，这样只会增添他们的压力，而压力往往是他们最初变成"放任型"的原因。他们筋疲力尽，能量耗竭，没有精力再去努力控制孩子，是因为他们一直受到了这样的引导——相信自己必须控制孩子。我们需要的是超越这些教养方式的标签，并致力于解决问题的根源。

在事情发生的当下，压力总会改变我们对孩子的回应方式。这种压力可能是与孩子行为或情境直接相关的压力，但也可能来自工作、他人或与孩子无关的情境。五大领域模型适用于我们所有人，如果你能量不足，那么这种耗竭就会影响你在所有这些领域内的自我调节，与孩子有关的压力就会更加严重。这样的结果让你和孩子都同样煎熬。你知道这个恶性循环：你会越来越固执，然后要么在愤怒中爆发，要么放弃、退缩。你越能让自己平静而专注地与孩子互动，他就越有可能学会你想让他学到的东西，也越有可能考虑自己行为的后果、处理自己的情绪、在任务中坚持不懈，并勇敢应对挫折。

这并不需要你改变自己的性格，甚至不需要你付出意志力。你越是练习调节自己以恢复平静沉着的状态，你当下的感觉就会越好，也越能感觉到自己有能力为人父母。在那种平静的状态下，你直觉般的"第六感"会高速运转，你就自然地更能意识到孩子的唤醒状态。你也会更加意识到自身及他人的行为对孩子的影响，你也会做出平静、恰当的反应。在可能让你们失控的情况下，你也会更好地保持身心平衡，并帮助孩子做到这一点。

找出有效的方法

自我调节能帮助你学会读懂孩子陷入唤醒不足或过度唤醒状态时的早期迹象，并帮助孩子也发展出自我觉察的能力。尽管如此，当孩子承受太多压力的时候，他们发出的独特信号却是千变万化的。我们已经看到，有些孩子会变得多动，还有些孩子会退缩。当你试图上调或下调他们的唤醒水平时，他们的反应也各不相同。你越是培养孩子的自我调节，你们就会越熟悉这些早期迹象。对于什么东西能让他舒适或痛苦，每个孩子的感受都是不同的，而且孩子的反应也有很大的不同，即便是在几分钟内也可能有翻天覆地的变化。

这里有一些有关自我调节的重要经验。你在倾听孩子的时候，是否会用上耳朵和眼睛？在练习自我调节时，按照的是你的时间安排还是他的时间安排？你是在教孩子独立还是依赖，坚韧还是消沉，自信还是顺从？你是在帮助孩子自我探索，还是在阻碍他？最重要的是，你是在帮助孩子成为他命运的主人，还是在让他随波逐流？

经验：发现唤醒变化的迹象，并养成自我调节习惯的10种方法

1. 寻找模式

孩子过度唤醒的迹象可能难以觉察，比如脸色或语调的变化、独特的面部表情，或者根本没有任何表情。所以，我们必须了解他们什么时候在通过身体和语言告诉我们，他们的压力太大了。

2. 盯紧目标

自我调节的重点必须是自我调节本身，而不是一些可能由过度的压力负荷引起或加剧的次生、具体的问题。自我调节能

让你转变"控制与纠正行为"的思维模式，或者不再简单地试图消除一种行为，而是与孩子建立更基本的联结，从而了解他的行为，并与他一同强化自我调节。一旦自我调节成了习惯，许多行为、学习、社会化和沟通方面的问题就会自行解决。这样做的目标是帮助孩子学会自我调节的技能和策略，以便他们发展出自我调节能力，尤其是学会在压力下运用这种能力。举个简单的例子，我们不只是希望孩子可以在适当的时间睡觉，我们希望他们期盼着睡觉。

3. 循序渐进

与孩子一起做自我调节，总会涉及一条学习曲线，这条曲线有时会很陡峭。每条曲线看起来都有些不同。但是，总有令人兴奋的事情发生：当你缓慢而稳步前进时，曲线的发展方向总会发生改变。孩子会在更长的时间里感到平静、保持社会参与。不要指望有什么戏剧性的变化，而要寻找改变的细微迹象。

这就是我们的试错方法背后的主要驱动力：无论取得的进步有多小，都要试着从你看到的成果中发现什么是有效的，为什么有效，以及同样重要的是，找出哪些是无效的，为什么无效。

4. 当孩子开始采取主动时，请为之兴奋

一旦你看到孩子开始主动，而不仅仅是回应你的提议，你就会知道，他的大脑正在改变对原始压力处理机制（战斗、逃

跑或僵住）的依赖，开始采用社会参与的方法。孩子跑来告诉你或让你看一些东西，或者你家的青少年瘫坐在沙发上，主动告诉你他的一天——这些都是理想的自我调节的迹象，我们不应将其视为理所应当。

5. 接受意料之外的事情

如果说和孩子一起练习自我调节能教给你什么，那就是谦逊。就算你有世界上最好的理由来解释你的预测，但孩子依然可能完全违背了你的期望。我们要再次想起将自我调节看作一个过程的重要性：在这个过程中，我们从孩子身上学到的东西，和他们从我们身上学到的一样多。我们学习接受意料之外的事情的方法有很多，但似乎有几个基本原则：

- 即使两个孩子似乎有着非常相似的需求，对一个孩子有效的方法，对另一个孩子也可能产生相反的效果。
- 曾经很有效的方法总会变得不再奏效。
- 有时候，某种方法是有效的，但不是出于你以为的原因。
- 有时候，某种方法没有效果，其原因是你永远无法理解的。
- 很多时候，你喜欢的东西，孩子就会讨厌，反之亦然。
- 有时候你以为有用的方法，实际上会让事情变得更糟。
- 有时候你以为没用的方法反而很有效——只是需要花一些时间。

6. 谨慎使用难以理解的词

如果我们过分依赖语言，就会忽略很多东西。你可能觉得"平静"不是一个难以理解的词，但导致它难以理解的，并不是这个词的长度，而是它包含的要素数量。从这个角度来看，"平静"是个很难理解的词，因为它包含三个不同的组成部分：生理、认知和情绪。生理要素是缓慢的心跳、深而放松的呼吸，以及完全放松的肌肉。认知要素就是意识到这些身体感觉，以及你身边发生的事情。情绪要素就是要享受这样的状态。这就是对"平静"的"具身化理解"——不仅能够正确界定和使用这个词，还要将这些感觉、情绪和意识的众多要素联系起来。我一直很惊讶，在我们看到的儿童和青少年之中，真正理解"平静"含义的人少之又少。他们当中的大多数人似乎认为它只是"安静"的意思。

7. 不要太"元认知"

每次我们与孩子做自我调节的时候，无论孩子年龄大小，我们都必须非常努力地找到呈现信息的方式，以便孩子能够完全理解。这就意味着，我们必须尽量在孩子的发展水平上交流，这就涉及了所有五个领域的发展水平。这个道理既适用于青少年，也适用于更小的孩子。

如果一个孩子在一个领域发展水平很高，在另一个领域发展水平相对较低，要做到这一点就有些棘手了。例如，你的孩子可能在认知上的发展水平较高，但在社会性和情绪功能方面发展水平较低（这就是大众对高智商孩子的刻板印象，他们在互动不顺利的时候会感到尴尬、心烦意乱）。即使在同一领域内部，我们可能也会遇到巨大的水平差异。例如，一个孩子可能有较高的抽象推理水平，但自我觉察能力较差。我们在小迪身上就看到了这种情况：他能够理解父母说的**话**，并且能够正确运用"平静"这个词，甚至在被问到的时候，还能说出这个词的定义。**但他对这个词的含义没有具身化的理解**：他不知道平静是什么感觉。他对"平静"的理解有点像一个知道外语词汇定义，但不能真正理解这个词的人的理解。

这对父母来说可能是一个挑战。我们会很自然地认为，我们始终可以解释我们的意思——即便我们必须用更简单的说法，或者更大声地说话！但对于儿童甚至青少年来说，要做到自我调节，他们就必须知道像"唤醒不足""过度唤醒"和"平静"这样的复杂词汇代表了什么感觉。他们必须理解"困倦"与"唤醒不足"，或者"精力充沛"与"亢奋"之间的区别。当然，他们还必须知道平静的感觉有多么舒服。

8. 记住，开始自我调节永不嫌早——也不嫌晚

我最常被问到的一个问题是，应该从什么时候开始自我调节。答案当然是从你放下这本书的那一刻起，不管你有没有孩子！不过，说到和孩子一起自我调节，事实是，从出生的那一刻起，孩子就会通过肢体语言告诉我们，他们觉得哪些东西能安抚他们，哪些东西让他们不安。如果你太用力、太深情地抚摸婴儿，他就会紧张起来，这是他在通过他的反应"告诉"你，应该换一种按摩方式；如果你放慢速度，或减轻触摸的力

道，他就会在你怀里放松，他很可能是在说"啊……真舒服"。

也许最重要的一点是：在任何年龄开始自我调节都不算太晚。父母每天都在接受大量"早年经历重要性"的信息——这种理念认为，大脑的发展轨迹在6岁甚至更早的时候就确定了。对于一些父母来说，这产生了意想不到的效果，大大增加了他们的压力。他们会想："天哪，我错过了打好基础的机会，现在太晚了。"这种哀叹我听过不止一次了！但事实是，与孩子一起或自己开始自我调节**永不嫌晚**。这个结论适用于人的一生，而不只适用于年龄较大的儿童和青少年。

9. 考虑谁的轨迹需要改变

我见过很多孩子，他们经常挨骂、被惩罚、被人嫌弃地称为"那个孩子"，而我不得不怀疑：在多大程度上，是我们导致了我们试图改变的结果？这是一个令人不寒而栗的想法。在"自我控制"的陈旧观念影响下，我们可能会认为，通过惩罚或奖励孩子，我们已经尽了最大的努力来帮助孩子。如果奖惩对这个孩子毫无效果，我们就会开始认为他才是有过错的那个人：他不够努力，他很清楚自己选择的道路会惹麻烦。

我觉得更令人不安的是，在孩子生活中举足轻重的大人（老师、教练、邻居）是如何说服孩子的父母这样想的："你的孩子需要更努力！"（或者"孩子需要想清楚再行动""孩子要说实话"。）这些善意的信息都没有说到重点，对自我调节没有帮助，只会让父母更加焦虑。在一定程度上，他们只是为了平息自己的焦虑，才对孩子重复这些有害的信息，甚至连他们自己也开始相信这些话了。

当然，自我调节的重点是觉察并思考这些问题，并制定策略帮助孩子发展核心的情绪、认知、社会性和亲社会能力，这些能力是处理生活中的压力源所需要的。但要改变一个孩子的发展轨迹，首先要从改变我们对这个孩子的看法开始——因为这对他如何看待自己的影响，比我们想象的要大得多。

10. 因人而异

自我调节总是因人而异的。自我调节是通过稳固的人际关系实现的，也是通过这样的关系进行的，这种关系是脑间联结的核心力量。而且，我们需要尊重我们自我调节的个人需求。正如乔纳——那个不由自主地吃着垃圾食品的青少年一样，你需要意识到自己处于低能量、高紧张状态的信号。可以说，这就是反复出现的担忧、侵入性的想法，或者特殊渴望的"含义"。你需要弄清你的压力源是什么，尤其是那些隐藏起来的压力源，也要弄清你能做些什么来减少压力。就像我们在本书中看到的所有儿童和青少年一样，你需要意识到你什么时候变得唤醒不足或过度唤醒，而最重要的是，你需要清楚从日常生活中的无数压力中恢复到平静、休息和复原状态时是什么感觉。

许多父母经常向我们分享他们顿悟的故事：他们意识到自我调节的步骤正在帮助他们的孩子，也能以同样的方式帮助成年人。一位母亲告诉我，她从青春期开始就一直与体重问题做斗争，在成年生活中一直是个体重忽上忽下的节食者，永远都在为缺乏意志力而自责。在与年幼的儿子一起学习自我调节原则的过程中，她意识到自己的体重问题与意志力关系不大；真正的问题是，她从小就一直在用食物来安慰自己。这种习惯成了一种自我调节。

实际上，有好几个原因可以解释为什么吃东西有镇静作用。有些原因是心理上的（由先前经验产生的联想），有些原因是生理上的（吃某种食物的体验所导致的内啡肽释放）。然而，吃东西并不是自我调节的好方法。首先，这种缓解压力的作用只是暂时的；其次，这样做对身体有副作用，比如肥胖。

通过自我调节的步骤，这位母亲能够将她的注意力从自我控制的挣扎中转移到减少整体压力水平的方法上。当她寻找与自己暴食安慰性食物的冲动同时出现的隐藏压力源时，她很快就发现了一种模式。在工作愉快的一天、放松的夜晚或与家人共度周末时，她对那些导致渴望与暴食的食物没有兴趣。但是在工作中或家里度过了压力特别大的一天后，她就非常想把一切抛在脑后，只是坐着吃东西（蛋糕、薯片、剩饭剩菜，有什么吃什么），直到自己一口也吃不下为止。她从来都没有因此感觉好起来，只会感到内疚和羞耻。

她说，有了这种新的认识，她意识到，尽管她不能改变老板有时比较粗暴的管理风格，也无法改变家人个性的某些方面，但当她在一天中加入散步或其他积极体验时，她就能更平静地处理这两种情况。吃东西的渴望就这样消失了。超重的体重也减掉了。这不是因为她有坚持节食的决心，也不是因为她的意志力突然增强了，而是因为，当她更善于自我觉察并学会有效应对压力的时候，对食物的渴望和压力性进食行为就会自动减少。自我调节的高级状态是：无论是散步、平静地呼吸，还是编织，只要她根据自己放松和恢复的需求来选择做什么事，她就会发现，自己是在**做**事，而不是在**吃**东西。通过更好地照顾自己，她发现自己对儿子也有了更多的精力和耐心。

父母自我照料、保持理智和生存的自我调节指南

培养你作为父母的自我觉察能力

注意你在一天中唤醒上调与下调的方式，以适应一天的需求和节奏。当你感到有压力时，留意自己的身心感受，留意这些感受如何影响了你对孩子说话的方式，或者对孩子的行为的反应方式。例如，你会因为过度劳累、焦虑或担心其他事情而变得过度敏感吗？或者，你是否曾见过别人做出这种行为，因此更加担心这种行为对你的孩子来说意味着什么？请在五大领域中寻找你自己的压力来源，找出减少能量消耗的方法。

为理想的自我调节创造条件

不仅要为孩子，也要为你自己制订一套健康的睡眠、饮食和锻炼方法。这也包括在家里创造一个平静祥和的环境。如果你很难仅仅为了对自己好而这样做，那就为了你的孩子这样做。记住，你不仅是一个榜样，也是共同调节的伙伴，同时也在教孩子如何自我调节。孩子需要你照顾好自己。

原谅自己

转变"指责与羞耻"思维模式,在一定程度上就是不要再惩罚自己,要专注于善意,不仅要善待孩子,还要善待你自己。要有同情心。作为父母,我们都会犯错。当你犯了错,或者没做到最好的自己时,要向孩子道歉;你的孩子正在观察你是如何处理日常生活压力的,在观察你搞砸了之后会怎么做。

以平静为目标

不要执着于教养的方式或标签。这些标签过分简化了真实教养的挑战,低估了你直面任何你和孩子在生活中遇到的情况的能力。相反,要养成一种平静而一致的回应方式。

拿出时间和孩子一起玩,单纯地享受彼此的陪伴

让孩子帮助你把心思放在真正重要的事情上。通过孩子的眼光去看世界,可以让你重新意识到那些你可能忽视的美好时刻。这对你和孩子来说都是一种让人平静的体验。

几年前,我应邀为爱尔兰的一个大型重建项目提供咨询服务。由于多年的政治忽视和社会忽视,这个社区正处于严重的困境之中。暴力、毒品和破坏公物的行为泛滥不止。能离开的人都离开了;不能离开的人则被迫加入两个敌对帮派中的一个,或者被迫躲避这些帮派的迫害。第一天走在这个社区里,经过被烧毁的房屋和杂乱的公园里时,我对我的东道主说,这让我想起了走在加沙街道上的感觉。但这个项目的领导请来了一些爱尔兰最优秀的人才来恢复这里的基础设施和社会环境,

尽管他们面临着挑战，但总体情绪是非常乐观的。

我没有他们那么乐观。在参观一所小学时，我看到了一群孩子，坦白地说，他们似乎都遭受了创伤。至于我见到的老师，他们都是你能想象到的最优秀、最有同情心的人，但他们不知道该做什么，每个人都表现出了倦怠的迹象，也就是心理学家所说的"同情疲劳"。

那天下午的晚些时候，我和当地教区的神父一起喝了杯茶，我们暂且称他为帕特神父吧。我想我一定是流露出了我的绝望之情，因为帕特神父温和地看着我，用浓重的爱尔兰口音说道："哎呀，他们只是孩子，斯图尔特。你的科学知识肯定是能帮到他们的吧？"我立刻意识到，对于帕特神父的这个问题，答案毫无疑问是"能"，孩子、父母和老师对这些知识和方法的需求从未像现在这样迫切。就在那时，在学校中运用自我调节的大规模倡议诞生在了加拿大，就始于不列颠哥伦比亚省和安大略省的学校系统。

担心我们的孩子是**人类**的天性，而不是阶级或文化现象。父母的担忧或爱，是没有群体差异的。没有任何一个儿童群体能免于那些当今儿童不得不面对的众多压力。当然，这些压力的外在形式有很大的差别，从帮派暴力到大学入学。但在人性的层面上，重要的是为孩子做正确的事情，帮助他们发展管理自己的能力，让他们能应对所有挑战、发挥自身最大的潜能。

致　谢

　　一本书的致谢，不仅仅是感谢那些对作者思想有着重大影响的人的机会，也是鉴别这本书知识渊源的机会。我自己的治学方法属于逻辑经验主义传统，正如弗里德里希·魏斯曼（Friedrich Waismann）所说，该传统始于约翰·斯图尔特·穆勒（John Stuart Mill），到路德维希·维特根斯坦（Ludwig Wittgenstein）时达到顶峰。对自我调节方法影响最大的两位现代经验主义者是斯坦利·格林斯潘（Stanley Greenspan）和斯蒂芬·波格斯（Stephen Porges）。他们两人在职业生涯之初的密切合作绝非巧合，因为格林斯潘的发展观点和波格斯的生理学观点之间有着深刻的互补。我还必须强调另外五人的贡献，他们是艾伦·福格尔（Alan Fogel）、罗伯特·塞耶（Robert Thayer）、艾伦·斯霍勒（Allan Schore）、罗斯·格林（Ross Greene），以及我在牛津大学的老师杰罗姆·布鲁纳（Jerome Bruner）：他们每个人都既是杰出的哲学家，也是杰出的科学家。注释中引用的每一位作者都发挥了至关重要的作用，但尤其重要的是保罗·麦克莱恩（Paul MacLean）、沃尔特·坎农（Walter Cannon）、汉斯·谢耶（Hans Selye）以及世界各地的"发展、个体、关系"治疗师与理论学家。

如果没有米尔特·哈里斯（Milt Harris）与埃塞尔·哈里斯（Ethel Harris）的支持，就没有自我调节方法。在米尔特去世后，他的孩子大卫、朱迪思和娜奥米以及他的外甥约翰也提供了大力支持。我不知道该怎么向美利德中心的所有成员表达感激：其中最重要的有我们的研究主任德温·卡森海瑟（Devin Casenhiser），和他一起工作无比愉快；神经科学主任吉姆·斯蒂本（Jim Stieben）；心理治疗师阿曼达·宾斯（Amanda Binns）、尤妮斯·李（Eunice Lee）、费伊·麦吉尔（Fay McGill）、娜米莉·达雅南丹（Narmilee Dhayanandhan）和纳迪娅·诺布尔（Nadia Noble）；研究经理奥尔加·莫德勒（Olga Morderer）；社区运营艾丽西亚·艾利森（Alicia Allison）；资深科学家索尼娅·莫斯特兰奇洛（Sonia Mostrangelo）、丽莎·拜拉米（Lisa Bayrami）、利利亚娜·拉德诺维奇（Ljiljana Radenovic）以及谢林·哈桑宁（Shereen Hassanein）；执行助理吉赛尔·特德斯科（Giselle Tedesco）与安娜·博金肯（Ana Bojcun）；还有所有为我们的研究不懈努力的研究生和本科生。

我需要单独提一下克丽丝·鲁滨逊（Chris Robinson），她是美利德中心的职业治疗师，后来成了中心的临床主任。自我调节中的许多想法都来自于我们的合作。

在感谢美利德中心的时候，不得不提我对加拿大约克大学卫生和哲学学院的同事们的感谢，尤其要感谢的是我的院长朗达·伦顿（Rhonda Lenton）和哈维·斯金纳（Harvey

Skinner），他们在我们最需要的时候，一次又一次地为我们提供了支持和指导。

多年来，除了哈里斯·斯蒂尔基金会（Harris Steel Foundation）之外，我的研究还得到了几个拨款机构的慷慨支持：加拿大社会科学与人文科学研究理事会、独角兽基金会、"治愈自闭症"行动组织（Cure Autism Now）、加拿大公共卫生局、坦普尔顿基金会（Templeton Foundation）、群星基金会（Stars Foundation）、加拿大国际发展研究中心、加拿大外国投资审查局、安大略省卫生促进部、加拿大卫生研究院、"共情之根"教育机构（Roots of Empathy）。

多年来，我曾与许多人共事，他们的友谊与他们的帮助和建议对我都同样重要：特别是罗德·艾伦（Rod Allen）、杰里米·伯曼（Jeremy Burman）、罗杰·唐纳（Roger Downer）、诺拉·弗赖尔（Norah Fryer）、约翰·霍夫曼（John Hoffman）、芭芭拉·金（Barbara King）、麦克·麦凯（Mike McKay）、玛丽·海伦·莫斯（Mary Helen Moes）。我尤其要感谢我孩子们的教父、我个人的榜样米歇尔·迈拉（Michel Maila）。

美利德中心的团队是我永不枯竭的灵感源泉：琳达·沃伦（Linda Warren）、布伦达·史密斯-钱特（Brenda Smith-Chant）、吉尔·费格斯（Jill Fergus）、索菲·戴维森（Sophie Davidson）、斯蒂芬·雷塔利克（Stephen Retallick）以及米根·特里温（Meaghan Trewin）。我必须再次单独提一个人：苏珊·霍普金斯（Susan Hopkins），我们的执行主任，她对自我调节方法的贡献远远超出了任何人的想象。

有三个人让这本书得以问世：我的经纪人吉尔·内里姆（Jill Kneerim）、我的编辑安·戈多夫（Ann Godoff），以及最重要的——我的合著者特雷莎·巴克（Teresa Barker）。在这本书中，没有哪一个词没有经过她的苦苦思索，也没有哪一个想法没有经过她各个角度的审视。她做的还不止如此。和特蕾莎一起写作本书，是我一生中最激动人心的学术经历。

最后，我必须感谢我的行政助理杰德·卡尔弗（Jade Calver），她不仅很好地应对了我对她提出的各种苛刻要求，而且自始至终都很开朗乐观。

自我调节法受到了许多人的启发：不仅是心理学家、精神病学家、心理治疗师，还有我有幸一同工作过的每一个儿童、青少年、父母、老师、行政工作者、公务员和政府部门领导。为了隐藏书中提到的孩子和父母的身份，我们费了很大的力气，在很多情况下，我们会把具有相似问题的不同案例结合在一起。我非常感谢这些家庭允许我用这种高度伪装的形式讲述他们的故事。

我时常想起自己的父母和姐姐，我很幸运我有两位非常支持我的岳父母，肯尼斯·罗滕贝格（Kenneth Rotenberg）与多丽丝·萨默-罗滕贝格（Doris Sommer-Rotenberg）。但一如既往，我最感谢的还是我的妻子和孩子。因为他们，也为了他们，我才会写作本书，而且在写作的过程中，也真真正正地和他们在一起。

特雷莎说：

我非常感谢斯图尔特邀请我与他合写本书，感谢他的愿景推动了这项工作——我们的合作是一种特殊的荣幸和快乐。感谢我们的编辑安·戈多夫（Ann Godoff），感谢她的敏锐直觉、对书稿的热情和一丝不苟的工作态度；感谢企鹅出版公司的编辑和设计团队，以及经纪人吉尔·内里姆（Jill Kneerim）和玛德琳·莫雷尔（Madeleine Morel）。我还要感谢谢里·拉顿（Sherry Laten）、迈克尔·汤普森（Michael Thompson）以及凯瑟琳·施泰纳－阿代尔（Catherine Steiner-Adair）的深刻见解。一如既往，我要感谢我充满爱意的家人和朋友，感谢他们的慷慨、智慧，以及他们给予的灵感。

注 释

扫码阅读

参考文献

扫码阅读

习惯与改变

《如何达成目标》

作者：[美] 海蒂·格兰特·霍尔沃森　译者：王正林

社会心理学家海蒂·霍尔沃森又一力作，郝景芳、姬十三、阳志平、彭小六、邻三月、战隼、章鱼读书、远读重洋推荐，精选数百个国际心理学研究案例，手把手教你克服拖延，提升自制力，高效达成目标

《坚毅：培养热情、毅力和设立目标的实用方法》

作者：[美] 卡洛琳·亚当斯·米勒　译者：王正林

你与获得成功之间还差一本《坚毅》；《刻意练习》的伴侣与实操手册；坚毅让你拒绝平庸，勇敢地跨出舒适区，不再犹豫和恐惧

《超效率手册：99个史上更全面的时间管理技巧》

作者：[加] 斯科特·扬　译者：李云

经营着世界访问量巨大的学习类博客
1年学习MIT4年33门课程
继《如何高效学习》之后，作者应万千网友留言要求而创作
超全面效率提升手册

《专注力：化繁为简的惊人力量（原书第2版）》

作者：[美] 于尔根·沃尔夫　译者：朱曼

写给"被催一族"简明的自我管理书！即刻将注意力集中于你重要的目标。生命有限，不要将时间浪费在重复他人的生活上，活出心底真正渴望的人生

《驯服你的脑中野兽：提高专注力的45个超实用技巧》

作者：[日] 铃木祐　译者：孙颖

你正被缺乏专注力、学习工作低效率所困扰吗？其根源在于我们脑中藏着一头好动的"野兽"。45个实用方法，唤醒你沉睡的专注力，激发400%工作效能

更多>>>

《深度转变：让改变真正发生的7种语言》　作者：[美] 罗伯特·凯根 等　译者：吴瑞林 等
《早起魔法》　作者：[美] 杰夫·桑德斯　译者：雍寅
《如何改变习惯：手把手教你用30天计划法改变95%的习惯》　作者：[加] 斯科特·扬　译者：田岚

儿 童 期

《自驱型成长：如何科学有效地培养孩子的自律》
作者：[美] 威廉·斯蒂克斯鲁德 等　译者：叶壮

樊登读书解读，当代父母的科学教养参考书。所有父母都希望自己的孩子能够取得成功，唯有孩子的自主动机，才能使这种愿望成真

《聪明却混乱的孩子：利用"执行技能训练"提升孩子学习力和专注力》
作者：[美] 佩格·道森 等　译者：王正林

聪明却混乱的孩子缺乏一种关键能力——执行技能，它决定了孩子的学习力、专注力和行动力。通过执行技能训练计划，提升孩子的执行技能，不但可以提高他的学习成绩，还能为其青春期和成年期的独立生活打下良好基础。美国学校心理学家协会终身成就奖得主作品，促进孩子关键期大脑发育，造就聪明又专注的孩子

《有条理的孩子更成功：如何让孩子学会整理物品、管理时间和制订计划》
作者：[美] 理查德·加拉格尔　译者：王正林

管好自己的物品和时间，是孩子学业成功的重要影响因素。孩子难以保持整洁有序，并非"懒惰"或"缺乏学生品德"，而是缺乏相应的技能。本书由纽约大学三位儿童临床心理学家共同撰写，主要针对父母，帮助他们成为孩子的培训教练，向孩子传授保持整洁有序的技能

《边游戏，边成长：科学管理，让电子游戏为孩子助力》
作者：叶壮

探索电子游戏可能给孩子带来的成长红利；了解科学实用的电子游戏管理方案；解决因电子游戏引发的亲子冲突，学会选择对孩子有益的优质游戏

《超实用儿童心理学：儿童心理和行为背后的真相》
作者：托德老师

喜马拉雅爆款育儿课程精华，包含儿童语言、认知、个性、情绪、行为、社交六大模块，精益父母、老师的实操手册；3年内改变了300万个家庭对儿童心理学的认知；中南大学临床心理学博士、国内知名儿童心理专家托德老师新作

更多>>>　《正念亲子游戏：让孩子更专注、更聪明、更友善的60个游戏》 作者：[美] 苏珊·凯瑟·葛凌兰 译者：周玥 朱莉
《正念亲子游戏卡》 作者：[美] 苏珊·凯瑟·葛凌兰 等 译者：周玥 朱莉
《女孩养育指南：心理学家给父母的12条建议》 作者：[美] 凯蒂·赫尔利 等 译者：赵菁

青 春 期

《欢迎来到青春期：9~18岁孩子正向教养指南》

作者：[美] 卡尔·皮克哈特 译者：凌春秀

一份专门为从青春期到成年这段艰难旅程绘制的简明地图；从比较积极正面的角度告诉父母这个时期的重要性、关键性和独特性，为父母提供了青春期4个阶段常见问题的有效解决方法

《女孩，你已足够好：如何帮助被"好"标准困住的女孩》

作者：[美] 蕾切尔·西蒙斯 译者：汪幼枫 陈舒

过度的自我苛责正在伤害女孩，她们内心既焦虑又不知所措，永远觉得自己不够好。任何女孩和女孩父母的必读书。让女孩自由活出自己、不被定义

《青少年心理学（原书第10版）》

作者：[美] 劳伦斯·斯坦伯格 译者：梁君英 董策 王宇

本书是研究青少年的心理学名著。在美国有47个州、280多所学校采用该书作为教材，其中包括康奈尔、威斯康星等著名高校。在这本令人信服的教材中，世界闻名的青少年研究专家劳伦斯·斯坦伯格以清晰、易懂的写作风格，展现了对青春期的科学研究

《青春期心理学：青少年的成长、发展和面临的问题（原书第14版）》

作者：[美] 金·盖尔·多金 译者：王晓丽 周晓平

青春期心理学领域经典著作
自1975年出版以来，不断再版，畅销不衰
已成为青春期心理学相关图书的参考标准

《为什么家庭会生病》

作者：陈发展

知名家庭治疗师陈发展博士作品。